小龙虾的天然洞穴

小龙虾的人工洞穴

苦 草

金鱼藻

水花生

凤眼莲

石棉瓦防逃设施

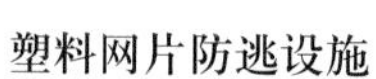

塑料网片防逃设施

保护堤岸的防逃设施

虾池中养鱼网箱的设置

稻田捕捞小龙虾

大水面捕捞小龙虾

晾晒地笼网

地笼网中小龙虾的采收

患病的小龙虾

小龙虾养殖技术

姚志刚 编著

金盾出版社

内 容 提 要

本书由湖北省荆门市水产局资深专家精心编著，内容包括：小龙虾的营养价值与市场前景，小龙虾的生物学特性，小龙虾的繁殖，小龙虾的苗种培育，小龙虾的池塘养殖、稻田养殖及其他养殖方式，小龙虾的暂养与运输，小龙虾的疾病防治等。内容通俗易懂，技术先进实用，适于广大小龙虾养殖专业户和稻田养虾户阅读。

图书在版编目(CIP)数据

小龙虾养殖技术/姚志刚编著．—北京：金盾出版社，2007.9(2019.8重印)
ISBN 978-7-5082-4663-5

Ⅰ.①小… Ⅱ.①姚… Ⅲ.①龙虾科—淡水养殖 Ⅳ.①S966.12

中国版本图书馆CIP数据核字(2007)第124220号

金盾出版社出版、总发行
北京市太平路5号(地铁万寿路站往南)
邮政编码：100036 电话：68214039 83219215
传真：68276683 网址：www.jdcbs.cn
三河市双峰印刷装订有限公司印刷、装订
各地新华书店经销
开本：787×1092 1/32 印张：3.875 彩页：4 字数：78千字
2019年8月第1版第10次印刷
印数：68 001～71 000册 定价：13.00元

前　言

小龙虾是广泛分布于我国各淡水水域的水生动物，前几年在广大农村作为一种有害生物被大肆捕杀。近几年，它的营养价值逐渐被认识，市场逐渐被开发，很快成为人们餐桌上的美味佳肴。国内市场消费的火爆和国际市场需求的增加，大大激发了人们养殖小龙虾的热情。

为了满足人们对小龙虾养殖技术的渴求，笔者在多年亲身实践的基础上撰写了《小龙虾养殖技术》一书。本书主要面向广大的小龙虾养殖专业户和农村稻田养虾户，所写内容力求通俗易懂，精简实用。

本书在编写过程中，得到了中国水产研究院长江水产研究所刘少平研究员的指导和帮助，也参阅了一些学者的著述和资料，在此表示衷心的感谢。

由于笔者水平有限，书中错误之处在所难免，恳请广大读者谅解，并给予批评指正。

编著者

2007 年 7 月

目　录

第一章　概　述

小龙虾学名克氏原螯虾（*Procambarus clarkii*），是淡水螯虾中的一个种，在动物分类学上隶属节肢动物门（Arthropoda）、甲壳纲（Crustacea）、十足目（Decapoda）、螯虾科（Cambaridae）、原螯虾属（*Procambarus*）。因其体型特征与海水龙虾相似，但个体较小而得名。我国有些地方也称它为淡水小龙虾、淡水龙虾、龙虾、喇蛄、克氏螯虾等。

小龙虾原产于美国南部和墨西哥北部，以后逐步扩展到了中美洲、南美洲、非洲、中东、西欧、南亚等地，现广泛分布于世界五大洲的20多个国家和地区。20世纪30年代，小龙虾由日本引入我国，经多年自然种群的迁徙和人类养殖活动的扩散，现已遍布我国的湖北、江苏、安徽、北京、重庆、四川、天津、新疆、甘肃、宁夏、内蒙古、山西、陕西、河南、河北、辽宁、山东、上海、浙江、江西、湖南、贵州、云南、广西、广东、福建以及台湾等20多个省、自治区、直辖市。无论南方还是北方，都适宜它生存和发展；只要是有淡水的地方，不管是河流、沟渠、沼泽、小型湖泊、小型水库，还是溪流、池塘、稻田，均可见到它的踪影。

小龙虾是当今世界上最主要的淡水螯虾养殖品种，其产量占整个螯虾产量的70％～80％。19世纪末欧洲、美洲一些国家就开始开发和利用小龙虾，到20世纪60年代，已形成了较大的人工养殖规模。美国是世界上小龙虾人工养殖开展较早且养殖技术较为发达的国家，从20世纪末到目前，年产量基本稳定在4万～5万吨。法国、澳大利亚、西班牙等国也开展了小龙虾的人工养殖，但规模不大，各国的年产量一般维持在3 000～5 000吨的水平。我国小龙虾引进时间较早，但由于它夹断秧苗、在稻田里打洞、毁坏沟渠等，农民视其为水稻的“天敌”而大肆捕杀。近几年，它的价值逐渐被人们所认识，尤其是它味道鲜美、营养丰富，加之烹调技术的提高，各种小龙虾风味食品层出不穷，深受国内外市场的欢迎，所以人工养殖小龙虾在我国才逐渐开展起来。目前，不但湖北、江苏、安徽、北京等大规模进行人工养殖的省、市产量在稳步增长，湖南、重庆、四川、江西等地的人工养殖工作也受到重视，产量也在不断提高，特别是在长江中下游地区，湖泊、池塘、湿地星罗棋布，江河、沟渠纵横交错，为养殖小龙虾提供了极为有利的环境条件，成为我国小龙虾养殖的重点地区。现在，我国的小龙虾养殖产量已超过美国而成为世界第一。

一、小龙虾的营养价值

小龙虾是一种低脂肪、低胆固醇、高蛋白的营养食品。每100克小龙虾鲜肉中，含水分8.2%，蛋白质58.5%，脂肪6%，几丁质2.1%，灰分16.8%，矿物质6.6%，还有少量的微量元素。其氨基酸组成优于普通的肉类，特别是含有人体所必需而体内又不能合成或合成量不足的8种必需氨基酸，包括异亮氨酸、色氨酸、赖氨酸、苯丙氨酸、缬氨酸、苏氨酸，以及脊椎动物体内含量很少的精氨酸和幼儿所必需的组氨酸。占小龙虾体重5%左右的肝脏和胰脏，也就是人们俗称的“虾黄”，则更是食物中的珍品，含有大量的不饱和脂肪酸、蛋白质、游离氨基酸和微量元素，还含有丰富的硒，以及维生素A、维生素C和维生素D等，其鲜美的味道和丰富的营养，让人们赞不绝口。

小龙虾肉中的蛋白质，含有较多的原肌球蛋白和副肌球蛋白，具有补肾、滋阴、壮阳和健胃的功能，对提高运动耐力也有很大作用。

小龙虾的脂肪含量比畜禽肉、青虾、对虾低得多，且大多是由人体所必需的不饱和脂肪酸组成，易被人体消化和吸收，还具有防止胆固醇在体内蓄积的作用。

小龙虾肉中的矿物质含量也十分丰富，经常食用小龙虾肉可保持神经和肌肉的兴奋性。

二、小龙虾的市场前景

小龙虾以其鲜嫩的肉质、丰富的营养和独特的风味，早在18世纪就成了欧洲和美洲人民的重要食物。200多年来，小龙虾不仅丰富了人们的餐桌内容，而且其经济和营养价值也被充分认识，小龙虾菜肴已成为西欧和北欧各国在节假日期间不可缺少的重要食品。瑞典更是小龙虾的狂热消费国，小龙虾食品已成为每个家庭接待客人和探亲访友必不可少的礼品，每年8月初都要举办盛大的“小龙虾节”，在持续3周的节日期间，举国欢庆，人们身穿绘有小龙虾图案的衣服，头戴绘有小龙虾图案的帽子，唱小龙虾歌，跳小龙虾舞，边唱边跳边吃小龙虾，节日气氛十分热烈，已形成了一种小龙虾文化。

美国是小龙虾的生产大国，同时也是小龙虾的消费大国，年消费小龙虾6万～7万吨。但由于在美国加工小龙虾的劳动力成本非常高，加工企业赢利困难，所以50%～60%的产品仍需进口。欧洲市场小龙虾的主要消费国包括瑞典、西班牙、挪威、丹麦、荷兰、比利时、法国和意大利等，年消费量约7

万吨，主要依靠进口，且消费量呈逐年上升趋势。人们对小龙虾的喜爱，促使小龙虾的需求量增加，但由于生产量不够，国际市场缺口较大。

近几年来，随着人民生活水平的不断提高，我国对小龙虾的需求量也日益增大，小龙虾已成为市场上最热销的淡水虾品种。“十三香小龙虾”、“水煮小龙虾”、“手抓小龙虾”、“麻辣小龙虾”、“麻辣虾球”、“油焖小龙虾”、“香辣小龙虾”等各式各样的小龙虾菜肴成了餐馆的招牌菜，享誉大江南北；小龙虾城、小龙虾酒店、小龙虾大排档遍及大街小巷，一家胜过一家，小龙虾的消费已呈火爆状态。目前，仅南京、上海、武汉、重庆、北京等大中城市每年的消费量就达万吨以上。

同时，我国人民的膳食结构中依然以消费淀粉类谷物为主，与先进国家相比，人均蛋白质消费水平仍很低，特别是动物性蛋白质的消费量甚至低于亚洲发展中国家的平均水平。因此，开发和利用我国丰富的小龙虾资源，还可以改善我国人民的膳食结构。

此外，不断进步的小龙虾加工技术，更进一步地拓展了小龙虾的消费空间。冻生小龙虾肉、冻生小龙虾尾、冻生整只小龙虾、冻熟小龙虾虾仁、冻熟整只小龙虾、冻虾黄、水洗小龙虾肉以及冻熟小龙虾副产品等小龙虾加工食品，让人们的选择更加多样化，使小龙虾的销售市场更加广阔。

小龙虾全身都是宝，其头和壳含有20%左右的几丁质，经过加工处理能制成可溶性甲壳素，利用甲壳素可以提取壳聚糖。而甲壳素和壳聚糖被誉为划时代的功能性食品，它在提高人体免疫力、促进人体健康、抑制癌细胞生长转移、降低胆固醇、防治心血管疾病、降血压、强化肝功能等方面具有良好的康复效果，且对人体安全性极高。此外，它还被广泛应用在其他领域。在农业上，可以促进种子发育，提高植物抗菌力；在造纸工业上，可以制造抗溶剂、纸张改性剂和增强剂；在医药业上，可用于制造降解缝合材料、人造皮肤、止血剂、抗凝血剂和伤口愈合促进剂等；在日用化学工业上，可用于制造洗发香波、头发调理剂、固发剂和牙膏添加剂；在制作膜材料时，可用于制造反渗透膜、渗透蒸发膜、仿生膜和超过滤膜；在制作吸附剂时，可用于制造染色废水吸附剂、活性炭吸附剂、色谱吸附剂和重金属吸附剂等；在制作水处理剂时，可用于制造下水道和工厂污水絮凝剂；在制作纺织助剂时，可用于制造增染剂、抗电性剂和固色剂。小龙虾粉碎后还可用作高档鱼类的饲料。国内外小龙虾消费量的增大，给我们大力发展小龙虾生产提供了良好的商机。

由于小龙虾具有食性杂、繁殖力强、适应范围广、对环境要求低、生长快、抗病力强、成活率高等优点，对于进行人工养殖来说，其技术并不复杂，养殖周期也较短，投入成本很低。因此，进行小龙虾的大规模人工养殖是可行和必要的。小龙虾投资省、效益高、养殖范围广，是短、平、快且独具特色的水产养殖项目。结合我国农村的实际情况，充分利用湖泊、河流、塘堰、稻田、莲藕田、荒滩甚至房前屋后的空闲地，因地制宜地发展小龙虾养殖业，前景将十分广阔。小龙虾的养殖技术已逐渐成熟，并取得了显著的经济效益，小龙虾的养殖正逐渐成为农业领域的又一支柱性产业。

第二章　小龙虾的生物学特性

一、形态特征

小龙虾体表具有光滑、坚硬的外壳，根据虾龄大小呈现多种颜色。一般成年个体呈暗红色或深红色，未成熟个体呈白色、淡青色、淡红色、淡褐色、黄褐色、红褐色甚至蓝色等。

小龙虾的身体分可为头胸部、腹部和尾部。头部和胸部愈合成一个整体，称为头胸部。头胸部稍大，由一层较硬的虾壳包裹着。对眼生于头顶端，头部还有触须 3 对，触须近头部端粗大，尖端细而尖，在头部外缘的 1 对触须特别粗长，一般比体长；在 1 对长触须中间有 2 对短触须，长度较短。栖息和正常爬行时 6 条触须均向前伸出，若受惊吓或受攻击时，2 条长触须弯向尾部，以防尾部受攻击。头胸部胸面有胸足 5 对，第一对胸足特别发达而成为很大的螯足，是摄食、御敌或进攻的武器，它由明显的 3 节组成。第一节较细，向前逐渐变粗，第二节较短，第三节粗大，其形如钳，可活动且锋利。在遭到外敌强烈攻击时，会丢下大螯足，在下次蜕壳后，又会长出新螯足，但新螯足在今后的生长过程中会明显小于旧螯足。第二、第三对胸足粗细均匀，末端呈钳状。第四、第五对胸足较细且尖，末端呈爪状，尖端有细毛。

腹部略扁平，与头胸部均匀连接。腹部背端由 6 节瓦片状壳包裹，整个腹部从头至尾由粗变细。腹部两侧有对称排列的刚毛。有腹足 6 对，雌性第一对腹足退化，雄性前 2 对腹足演变成钙质交接器。

尾部有5片强大的尾扇，母虾在抱卵和孵化期间爬行或受敌时，尾扇均向内弯曲，以保护受精卵或稚虾免受侵害。

二、栖息习性

小龙虾广泛栖息于江河、湖泊、塘堰、沟渠、稻田、沼泽等各种水域之中。它喜阴怕光，为夜间活动性动物，白天常潜伏在水体底部光线较暗的角落、石块旁、草丛或洞穴中，光线微弱或黑暗时爬出水面活动、摄食。在自然情况下，因缺饵、缺氧、下雨特别是下大雨、污染和其他生物、理化因子发生剧变而使小龙虾感觉不适的情况下，白天也可见其活动。

小龙虾有较强的攀援能力和掘洞能力。在无石块、杂草和洞穴可躲藏的水体，小龙虾常在堤岸处或池底掘洞。一般洞穴位于水面处附近，水位下降时，洞穴进一步掘深，以保持洞穴中有水存在。另外，在小龙虾的繁殖期，为了保持其隐蔽性，常常将洞穴掘得较深，在水位波动不大时，洞穴的深度也变化不大。平常洞穴深一般在30～50厘米，较深的洞穴约1米。根据小龙虾的这一习性，我们可以利用人工洞穴和水体原有洞穴或其他隐蔽物，为其造一些人工洞穴，以利其顺利度过繁殖期和越冬期，从而达到保护堤岸的效果。

三、生活习性

小龙虾对水体的肥度有较强的适应性，一般水体施肥后，只要保证溶解氧在3毫克/升以上，就可满足其正常生长。而当水中溶解氧在1～3毫克/升时，活动也能基本正常，当溶解氧在1毫克/升以下时其活动减弱，而当低于0.5毫克/升时，如果没有攀爬物让小龙虾浮出水面呼吸，就会造成其大量死亡。在水中缺氧时，小龙虾常攀缘到水体表层呼吸，或抱住水草、树枝、石块以及水中悬浮物呈侧卧状而利用身体一侧的鳃呼吸，有时甚至爬上陆地直接利用空气呼吸。

在活动、觅食时，小龙虾在水底向前爬行。当遇到敌害时，身体蜷曲快速向后退缩。

小龙虾不仅耐低氧，而且能耐较高的氨、氮，一般在2～5毫克/升范围内对其生长无明显影响，但过高会使其生长受到抑制，也会引起死亡。

小龙虾对温度的适应性较强，0℃～37℃都能正常生存，甚至被冰封冻也能生存一段时间，其最适生长温度为25℃～32℃。当水温上升至33℃以上或水温下降至20℃以下时，摄食量明显减少。当水温下降至15℃以下时，小龙虾停止摄食，开始越冬。小龙虾适宜生活的水体pH值范围为6.5～9，最适pH值为7.5～8.5。

小龙虾食性相当广泛，这也是它得以高速扩散的重要原因之一。它以杂食为主，主要摄食水底的有机碎屑，也捕食水生动物，如小型甲壳类、水生昆虫等。它能摄食各种谷物、饼类、蔬菜、陆生牧草、水体中的水生植物、着生藻类、浮游动物、水生昆虫、小型底栖动物以及动物尸体，也喜食人工配合饲料。天然水域中由于小龙虾捕食能力较差，其食物组成中植物成分占主导地位，约占食物组成的80%，动物性食物约占20%。

在水体中小龙虾对鱼类养殖无大的影响，只捕食一些将死或已死亡的鱼类。但在鱼种养殖中，在收网或鱼苗进捆箱后，由于鱼苗高密度集中，小龙虾会用它的螯足、钳状胸足夹死大量鱼苗，这是养殖中要特别注意的。解决办法是鱼苗进箱时速度要慢，可采取进活箱的办法，把大部分小龙虾先隔在外面，让游泳能力比小龙虾快的鱼苗先进箱，鱼苗进箱后，马上分段过筛，把小龙虾筛走即可。

四、生长习性

小龙虾体表披有甲壳，在其身体生长发育时，甲壳并不生长，所以必须蜕掉体表的甲壳才能释放出其增大的身体。蜕壳是它生长、发育的重要标志，每经过1次蜕壳，它的身体就会迅速增大。小龙虾的蜕壳与水温、营养和个体发育阶段密切相关。依附母体的幼体一般4～6天蜕壳1次，蜕壳2次后，可离开母体。离开母体进入开放水体的幼虾每5～8天蜕壳1次，后期幼虾的蜕壳间隔一般为8～20天。离开母体的幼体一般蜕壳11次可达到性成熟。小龙虾在大量摄食、充分积累营养物质后，其甲壳变硬，此后1～2天中，小龙虾停止摄食，并为蜕壳做准备。蜕壳一般在夜晚有隐蔽物的地方进行，时间持续几分钟至十几分钟。小龙虾在蜕壳期间，最容易受到敌害生物或同类的伤害，若在此时进行捕捞、侵扰或是水质差、缺氧，极易引起小龙虾的死亡。

小龙虾寿命不长，一般为1～2年，但在食物缺乏、温度较低和比较干旱的情况下可成活2～3年。

刚脱离母体的幼虾平均全长1厘米左右，在水温适宜、食物充足、环境条件好的情况下，饲养3～4个月即可达到上市规格。

第三章　小龙虾的繁殖

一、小龙虾的生理学特征

(一)雌、雄鉴别

小龙虾的雌、雄个体从外观上很容易区别。

1. 雄性　同龄的个体,雄性比雌性大。雄虾的螯足粗大,其上的红色软疣颜色鲜艳。第一、第二对腹足转化为白色坚硬的管状交接口,其生殖孔位于第五对胸足的基部。

2. 雌性　除螯足小于雄性外,其上的软疣也小且色淡。第一对腹足退化,第二对腹足处只有转化后的羽化状假肢。其生殖孔位于第三对胸足的基部,开孔明显。性腺成熟的雌虾,腹部膨大,侧甲延伸,形成抱卵腔。

(二)性腺发育

同规格的小龙虾雌、雄个体发育基本同步。一般雌虾个体重达 25 克以上、雄虾个体重达 28 克以上时,性腺发育基本成熟。性腺完全成熟的小龙虾,雌虾卵巢颜色呈深茶色或棕色,雄虾精巢颜色呈白色。

小龙虾的卵巢在发育过程中,由于成熟程度的不同,会呈现出不同的颜色。在生产上根据其颜色变化,常把卵巢发育分为灰白色、黄色、橙色、棕色和深茶色等阶段。其中灰白色是未成熟幼虾的卵巢,卵粒细小不均匀,不可分离,需数月方可达到成熟；黄色也是未成熟小龙虾的卵巢，卵粒分明，但不饱满也不明显，难以分离；橙色是快要成熟的卵巢，卵粒分明、饱满但不均匀，较难分离，有时交配后，需再发育 1～2 个月方可成熟产卵，若水温较低，产卵时间还要延长；棕色和深茶色是成熟的卵巢，卵粒饱满均匀，挑破卵膜，卵粒便会分离出来，此时期交配后，短时间内即可产卵。

在生产上可从头胸甲与腹部的连接处观察其颜色来判断性腺发育情况。卵巢呈棕色和深茶色的阶段，是选育亲虾的最佳时机。

二、小龙虾的天然繁殖

(一)交　配

在夏、秋季节，性腺发育成熟或基本成熟的小龙虾个体，即可开始交配。

交配时，雄虾用螯足夹住雌虾的螯足，用胸足抱住雌虾，雄虾的钙质交接器与雌虾的抱卵腔连接，触角不停摆动，将雌虾翻转、侧卧，同时腹部有力地抖动以射出精夹，雄虾的精夹顺着交接器进入雌虾的抱卵腔，完成交配。

(二)产　卵

小龙虾为秋、冬季产卵类型，1 年产卵 1 次。有些雌性小龙虾个体，在秋、冬季节交配后，由于气温低的原因，也会延迟到翌年春季产卵。交配后，根据卵巢发育的成熟度不同，早则 1 天至 1 周，迟则月余，雌虾即可产卵。雌虾从第三对胸足基部的生殖孔排卵并随卵排出较多蛋清状胶质，将卵包裹，卵经过抱卵腔时，胶状物质促使抱卵腔内的精夹释放精子，使卵受精。最后胶状物质包裹着受精卵到达雌虾的腹部，黏附在雌虾的腹足上，腹足不停地摆动以保证受精卵孵化所必需的溶解氧量。精夹在抱卵腔内贮存 2～8 个月仍可使卵子受精。小龙虾刚产出的受精卵颜色为棕色，随着受精卵的进一步发育，卵逐渐变成棕色中带有黄色，随着卵黄粒的消化和吸收，卵又变成黄色中夹杂黑色，最后卵全部变为黑色。

雌虾在交配完成后掘穴进洞，当卵成熟以后，在洞穴内完成排卵、受精和幼体发育的过程。抱卵虾经常将腹部贴近洞穴底部，使之处于湿润状态。

小龙虾的怀卵量较小，根据不同的规格，每尾怀卵量一般在 100～400 粒。个体大的雌虾，怀卵量大些，最大的可达 700 粒左右。

（三）幼体发育

受精卵的孵化时间与水温密切相关。在 24℃～26℃的水温条件下，受精卵经过 15 天左右的时间可破膜成为幼体；而在 15℃的水温条件下，孵化时间需近 50 天；如果水温低于 15℃，孵化时间甚至需数月之久。

由于小龙虾个体发育的差异造成交配时间的不统一，以及温度变化造成孵化时间的不统一等因素，造成了除越冬期外大多数时间都看得到抱卵虾存在的现象，这给安排生产造成了一定的难度，也出现了由于生产上的操作不当造成幼虾死亡率高的现象。

刚孵化出的小龙虾个体很小，主要依附在母体腹部抱卵腔内靠卵黄体供应营养。几天后，经过蜕壳成为幼体。此时期开始被动地摄食水中的微生物和浮游生物，并近距离离开母体进行短暂活动。经过几天后，再次蜕壳成为仔虾，此时个体长度为1厘米左右。处于仔虾期的小龙虾仍需依附于母体抱卵腔进行生长、休息，但此时已能离开母体主动进行摄食。在生长4～5天之后，再一次蜕壳，并随着母体离开洞穴进入开放性水体，成为幼虾，逐步摆脱对母体的依赖性，开始自主生活。

处于幼体和仔虾期的小龙虾不能远离母体，若此时母体受到惊吓而躲避，则幼体和仔虾因无法游回母体腹部而极易死亡。因此，在这段时间，应减少人类对雌虾的干扰。

在25℃～32℃的适宜水温条件下，脱离母体而自由活动前的幼体，其整个发育阶段为15天左右。

三、小龙虾的人工繁殖

小龙虾的人工繁殖，主要是指采用人工选择亲本，在水体内建造部分有利于小龙虾生长的设施，并人为控制环境因子(光照、水温、水质、水位)来促使小龙虾进行交配、产卵和孵化，在幼虾离开母体独立生活后，将其放入专用池培育的一种繁殖方法。总的来说，小龙虾的人工繁殖方法主要在外因上进行控制，而未真正对小龙虾的个体进行干预。

小龙虾的人工繁殖，可用土池或水泥池进行。采用人工繁殖的方式，可较容易得到不同规格的幼虾，同时幼虾的成活率也较高。

(一)繁殖前的准备

1. 选池 用来繁殖虾苗的池塘可是土池也可是水泥池，但面积不要过大。土池每池以300～700平方米为宜，建成长方形,坡度比在1∶1.5左右;水泥池每池在十到几十平方米均可。繁殖用池水深为1米左右,要有良好的进、排水设施。有条件的地方,可建造室内池。

2. 设置防逃设施 土池应在四周用水泥瓦、石棉瓦、玻璃钢、塑料网片等材料设置防逃设施。

(1)*水泥瓦、石棉瓦防逃设施* 将1.7～1.8米长的波浪形水泥瓦或石棉瓦截为3段,竖直插入池堤顶端内侧土中约15厘米,露出土外约40厘米,两片瓦交接处要重叠一个波纹。注意瓦要插直,否则两片瓦的结合处会出现空隙。

(2)*玻璃钢防逃设施* 插入池堤顶端内侧土中15～20厘米,露出土外20～30厘米,每隔1米左右用竹桩固定。

(3)*塑料网片防逃设施* 用高70～80厘米、网目为20目左右规格的网片,埋入土中10～20厘米,露出土外60～70厘米,网片上部顶端与高20～25厘米的塑料薄膜顶端缝合在一起(在埋入网片前用缝纫机或钉书机进行缝合),将有塑料薄膜的一面朝向虾池。

3. 设置遮阳棚等其他设施 繁殖池若建在室外,则应在池边架设钢筋架或竹棚架,用黑纱遮阳网覆盖繁殖池,以遮挡阳光,调控光照、水温。

池建好后,还应向池中移栽占水面积30%的挺水类、浮水类和沉水类水草,如慈姑、芦苇、水花生、野荸荠、三棱草、苦草、轮叶黑藻、眼子菜、菹草、水浮莲、金鱼藻、凤眼莲等,其目的在于为亲虾创造一个近乎自然、适于其休养生息、可供其在水中上下攀爬活动的良好环境。同时,水草可吸收部分残饵、粪便等分解时的养分,起到净化水质的作用,保持水体有较高的溶解氧量。水草还可遮挡烈日降低水温,也是亲虾的新鲜饲料。

对于水泥池，还应在池底放入大量竹筒、塑料管、瓦片等设置成人工巢穴。

有条件的地方，繁殖池最好设计成微流水的自流池，以保证充足的溶解氧量。若无长期微流水时，应装配增氧机或其他增氧设施。

4. 清淤消毒 用于繁殖的土池，要挖出过深的淤泥，保持10厘米左右即可，并使池底平整。

在投放小龙虾亲本前7～10天应用生石灰或漂白粉等对繁殖池消毒，生石灰用量为200毫克/升，化水后趁热全池泼洒；漂白粉用量为15毫克/升，化水泼洒。

(二)亲本选择

挑选小龙虾亲本的时间一般在每年的6～9月份，亲虾雌、雄比例为2∶1或3∶1。

选择的亲本体重应在30～50克，胸足和腹足等附足齐全，体质健壮，活动力强，躯体光滑无附着物，颜色通常为暗红色，有光泽。

选择的亲本必须直接来源于池塘、养虾稻田或其他天然水域，不能选用从集市收购来的成虾。市场销售的成虾因在运输过程中受到过分挤压和长时间离水，身体大多损伤严重，再次放入水体后死亡率很高，作为亲虾使用，效果极差。

选择亲本时，最好在两个相距较远的地方分别进行选择。运回后，将甲地的雌虾与乙地的雄虾、甲地的雄虾与乙地的雌虾互相混合放入两口池塘中进行繁殖。这样可以利用远缘杂交的优势，产生出优质的后代。

选择好的亲虾，应采用科学的方法运输，以提高成活率。装载工具可采用泡沫箱、塑料筐、竹笼等。因为容器的大小不同，每只包装容器可装虾的数量也不一样。装虾容器的高度以不超过50厘米为宜，一般小龙虾的堆积高度应在40厘米以下，剩余10厘米左右的高度空间应放置水花生等水草将其塞满，这样可减少因空间过大使小龙虾相互打斗而造成的体力消耗和身体损伤，同时水草还可保证运输过程中水分的供应。容器要有盖、结实、便于堆放。运输过程中，尽量减少停留，以4～5小时车程为佳，若车程在10小时以上，则中途要洒水数次，以保持虾体的湿润。起运时间最好在天气凉爽的傍晚。在夏、秋季运输时，还应在容器中加入打碎的冰块以降低温度。若气温超过30℃，则尽量不要运输，因为在此条件下，亲虾死亡率极高。运输过程中还要注意不能将亲虾置于密封的车厢或船舱中，也不能受到日晒、风吹、雨淋，要用防水油布遮雨，用毛毡、帆布等挡风。

有条件的地方，还可用鱼篓、活鱼车等带水运输。

（三）亲本培育期的管理

1. 亲虾放养　亲虾在购回后，由于会携带部分病菌，所以在入池前要用硫酸铜等药液浸泡30分钟左右。若温度较高（超过30℃），应缩短浸泡时间，并随时观察亲虾活动，如亲虾稍有不适，即应放虾入池。

亲虾放养时密度的确定十分重要，这直接影响到繁殖效果。密度过大、过小均不好。一般土池每667平方米投放体重40～60克的小龙虾亲虾400千克，水泥池投放700千克。

2. 水质管理　在对繁殖池消毒7～10天后，灌水1米深，并施腐熟的有机肥400～500千克。所使用水源的水质应符合国家农业部制定的《无公害食品　淡水养殖用水水质》（NY 5051—2001）的要求。亲虾投放后，由于密度较大，消耗水中溶解氧较多，因此必须保持水质清新。应每隔 7～10 天加注新水 1 次，同时从底部放掉部分旧水，以每次换掉池水的 1/3 为宜，有条件的地方应尽量保持有微流水。平时应经常观察小龙虾的活动情况，在食物充足时，若白天小龙虾大量浮出水面或聚集在池边活动，应及时换水或开动增氧机以补充溶解氧。

3. 饲养管理 亲虾在入池后要及时投喂。每天投喂 1 次，并尽量多投喂一些动物性饵料，如螺蚌肉、蚯蚓、鱼肉、动物的下脚料等。投喂时，还应投喂植物性饵料。亲虾的植物性饵料包括谷实类植物（如稻谷、玉米、马铃薯、南瓜、小麦、麸皮、米糠、豆渣以及各类饼粕等）和草类（如鲜嫩的青草、麦苗、秧苗、菜叶、苜蓿和水草等）。投喂的饵料应新鲜、无异味、不霉烂。一般投喂的动物性饵料与植物性饵料可各占一半比例。

亲虾的投喂量根据不同的季节和水温来确定，并应根据亲虾的摄食情况及时进行调整。一般春、秋、冬季水温不高时，日投喂量为亲虾体重的 1%～3%；初夏为 3%～5%；夏季水温高后，日投喂量应增加至 5%～8%。在天气晴好，虾吃净前一天投喂的饵料情况下，可适当增加投喂量；若天气阴冷、下雨或者前一天的饵料有剩余时，应减少投喂量，或者停止投喂。

4. 日常管理 亲虾在饲养期间，每天应做好日常巡塘工作，一旦发现亲虾活动、摄食异常，要查明原因，及时采取相应措施。

（1）防缺氧 当出现亲虾白天上岸、浮出水面、在池边聚集等现象时，要及时换水或开动增氧机增氧。

（2）防暴晒 在夏季天气晴朗、光照强烈时，及时拉开遮阳网覆盖水面。

(3)防冰冻　在气温下降后要加水保温，使池水达1.5米深以上，当气温在0℃以下水池结冰时，要及时击碎冰面，以防止亲虾攀上冰面被冻死，同时也防止结冰太厚造成水体缺氧而导致亲虾窒息死亡。有条件的地方，可在池上覆盖一层塑料薄膜用以增温，也可利用电加热、温泉水、工厂余热水等增温。在温度较低时，亲虾的死亡率较高，最好能创造条件使水温保持在15℃以上，以提高亲虾越冬成活率。

(4)防敌害　亲虾的敌害很多，如老鼠、青蛙、蛇、鸟、鸭、鹅等，要时刻提防其对亲虾池的侵袭。

(四)产卵和孵化

亲虾在池中培育一段时间后，至9～12月份大部分开始交配。交配后，根据水温的不同，在几天至月余时间内，雌虾即可产卵。在亲虾池中的亲虾，由于数量较多，群体发育不一，往往群体的产卵期可持续数月之久。而产出的卵在受精后，根据水温的不同，在15～40天孵化出幼体。水温低时，孵出时间可达数月。孵出的幼体必须依附在母体抱卵腔内生活，20天左右发育成幼虾时，才可离开母体独立生活。

在池中发现亲虾所产的卵已孵出幼体时，应及时向池中投放人工培育的藻类和轮虫，或向池中注入含有培肥后生长了大量浮游生物的水源，以给小龙虾幼体提供营养。

当池中大量出现能离开母体生活的幼虾时，可用虾笼将已繁殖完毕的亲虾捞出，同时用手抄网捕捞出幼虾放入专用的苗种培育池中培育。

第四章　小龙虾苗种的培育

刚脱离母体自由活动的幼虾由于个体小，直接放入成虾养殖池容易受到成虾和敌害生物的侵扰，从而影响其成活率。在条件许可的情况下，可将幼虾进行专门的培育，待其个体长大、适应环境的能力增强后再将其放入成虾池中养殖。有些成虾养殖模式是直接将亲虾放入成虾池进行繁殖，由于幼虾不便捕捞，则专门进行苗种培育的过程就不存在了。

一、培育池的选择

小龙虾幼虾培育池可根据养殖户的实际情况进行选择。所用池塘面积不能过大，以便于管理。可用土池，也可用水泥池，还可利用沟渠等。养殖效果以水泥池为好，因为水泥池便于管理，换水方便，可以较好地捕捞幼虾，及时地清除敌害，专门建造的水泥池甚至还可以控制光照和水温。

（一）水泥池

水泥池可借用废旧的游泳池、蓄水池、甲鱼池等，也可新建。新建水泥池应选择在通风、向阳、水源充足之地。水泥池面积大一些为好，一般在100平方米左右，池深约1.5米。根据供水水位情况，可建在地上，也可在地下挖坑建造，还可建成一半地上、一半地下的方式。水泥池底部要有坡面倾斜，在低的一端砌筑排水孔，以方便池水排干。排水孔通向池外的一端，要设置控制水位的装置，可用塑料管作排水管，利用竖起的高度不同来控制水位。排水孔在池内的一端管口，要安置筛网，以防幼虾随水流走。

新建的水泥池不能马上放水投虾，要经过除碱处理后方可使用。可将池内灌满水，隔 2 天换水 1 次，经 5～6 次换水后，即可使用。也可用 10％浓度的醋酸(或食用醋)将水泥池表面洗刷干净后，再灌满水浸泡 4～5 天即可。脱碱后的水泥池灌水后，放入少量小龙虾苗试水，1～2 天幼虾未死亡即可正常使用。

(二)土　池

土池的面积以 2 000～3 000 平方米大小为好，池深 1.5 米左右，池埂坡度比在 1∶2.5～3，池底要平坦，并建好进、排水设施，同时在池堤四周设置防逃设施。

(三)沟　渠

在条件受到限制时，还可利用废弃的河沟、渠道养殖幼虾。其主要工作是清除过深的淤泥、消毒、设置防逃设施，同时要防止洪水的冲击。

二、培育前的准备

(一)消　毒

土池灌水 0.2 米水深后，按 200 毫克/升的浓度，用生石灰化水全池泼洒，水泥池则用 10 毫克/升浓度的漂白粉溶液向池壁和池底泼洒，以彻底消毒。

(二)培肥水质

消毒1周后每667平方米施腐熟后的人、畜粪肥300～500千克,用于培育幼虾喜食的天然饵料,如轮虫、枝角类、桡足类等浮游生物。

(三)改良环境

在培育池中要移栽或投放一定数量的出水性植物,供幼虾攀爬栖息和蜕壳时作为隐蔽场所,有些水草还可作为小龙虾的饵料,其品种包括慈姑、野荸荠、水花生、凤眼莲等,水草面积为池塘面积的25%～30%为好,没有条件的也可投放一些旱草。要严格控制水草覆盖面积,面积太大会过多地消耗水中营养,不利于饵料生物生长,减少小龙虾的实际活动空间,连片后会使池水水温降低,特别是在春、秋季,水温太低会影响小龙虾的生长。池中还可设置一些网片、竹筒、塑料筒、瓦片等,增加幼虾栖息、蜕壳和隐蔽的场所。

(四)选择优质水源

培育池所用水源,水质要清新,水量要充足,要符合农业部《无公害食品　淡水养殖用水水质》(NY 5051—2001)的要求。在进水口用筛网过滤进水,防止昆虫、小鱼虾和蛙卵等敌害生物进入池中。池水要保持干净,池中污物、残饵要及时清除,定期换水、排污、增氧,保持良好的水质。水泥池最好有微流水条件。培育池用水水温范围为24℃～28℃,要保持水温相对稳定,每日水温变化幅度不要超过2℃。

三、幼虾放养

条件不同的培育池，幼虾放养的密度也不同。水泥池放养的密度要大于土池，一般每平方米放养500～800尾，土池每平方米放养200～300尾。若是有微流水的池，可增大20%左右的放养密度。幼虾放养时间可选择在气温较低的早晨或傍晚，在虾池上风口浅水水草区投放。投放时动作要轻，要把装虾工具沉入水中慢慢向后拖动将幼虾放入水中，以减少对幼虾的伤害。千万不能将水和虾粗暴地倾入池中。

投放幼虾时，要求同一池中的幼虾规格基本保持一致，个体差异不能太大。

投放幼虾时，还应注意装虾容器内的水温与池水温度的温度差，不能超过5℃，温差太大，则应进行水温的调和。一般可将同一只手分别伸入装虾容器内的水中和池水中进行测试，若手背能感觉到两种水体的温度不一样，则说明温差过大，应调温。调温时，若幼虾是用氧气袋运回的，则可将未开封的氧气袋放入池中浸泡20分钟左右，待袋中内外水体温度一致后，开袋放虾。若幼虾是用水桶等开放性容器运回的，则可将池水一瓢一瓢地慢慢兑入水桶中，经20分钟左右，等水桶内的水温与虾池水温一致后即可放虾。

一般运输距离长可用氧气袋充氧运输，在幼虾池附近转运可用水桶等容器。

四、日常管理

小龙虾的幼虾在体长约1厘米(2.5万尾/千克)时放入

幼虾培育池，在 24℃～28℃的适宜水温范围内生长 15～20 天，即可达到体长 2.5～3 厘米的规格。此种规格的虾即可放入成虾池进行养殖。在 15～20 天的幼虾培育阶段，必须加强管理，才能保证较高的幼虾成活率。

小龙虾幼虾在脱离母体之后，即可独立捕食。在 3 厘米以下规格时，主要以摄食水中的轮虫、枝角类和桡足类等浮游生物为主，同时还喜食鲜嫩水草、水藻、堤边苔藓、小型底栖动物、有机碎屑和陆生嫩草、菜叶等，对于人工投喂的细碎饲料也十分喜爱。因此，根据幼虾的这一习性，进行针对性的培育很有必要。

(一)施　肥

除在投放幼虾前对池水施肥以肥水外，在饲养的中、后期也应定期向池中施用腐熟的粪肥以培养浮游生物来补充被消耗的生物饵料。一般 10 天左右施肥 1 次，每次每 667 平方米施 100 千克左右。

(二)投　喂

在幼虾入池后，即开始人工投喂。前 7 天左右，可投喂的饵料有磨制的米浆、豆浆，每天投喂量约为每万尾幼虾 0.1 千克饵料原料。在每天上午 10 时左右和傍晚 5 时左右进行全池泼洒投喂。具体投喂量还要根据天气、水质和虾的摄食情况灵活掌握。

晴天投足，闷热天、阴雨天少投；水体透明度在 30 厘米以上时多投，若投喂几天后，水体透明度明显降低，说明幼虾摄食情况不佳，应减少投喂量。

7 天之后，改用小鱼虾、蚯蚓、螺蚌肉、鱼粉等混入玉米、小麦后反复打碎成糊状饵料进行投喂。每天还是上午、傍晚各投喂1次，投喂量为虾体重的10%。同时，可在投喂上述饵料的同时，交替投喂新鲜的豆渣和浸泡好的饼粕。此外，在投喂动物性饵料时，为了保证营养全面，每天可少量投喂一些嫩草、菜叶等青绿饲料。

为了大致掌握好投喂量，可每周测量1次幼虾体重，从而推算出池中幼虾的重量。

（三）水质调节

在幼虾培育过程中，幼虾池的水必须要保持水质清新，溶解氧充足，使水中的溶解氧量保持在5毫克/升以上。有条件的地方，最好能保持有微流水。

水泥培育池由于幼虾密度大，要勤换水，勤开增氧机。一般2～3天换水1次，先排出1/3的池水后，再补充足量的新水。土池可每隔5～7天换水1次。

加水时，进水口要用20～40目筛网过滤，防止敌害生物进入。在培育期间要及时捞出池中污物、残饵。每15天左右按20毫克/升的浓度用生石灰化水泼洒1次，以增加池水中钙的含量，给幼虾提供蜕壳所需的钙质。

（四）巡　塘

培育期间，要经常巡塘，对幼虾每天的活动情况做好记录，并随时观察幼虾池中水质的变化。同时，要保持池水水温的相对稳定，每日水温的变化幅度不得超过2℃。

对于幼虾池内出现的敌害生物，如蛇、老鼠、青蛙、鱼类、鸟类等，要及时捕捉或驱赶。

对于水源，要切实防止农药的流入，特别是除虫菊酯或拟除虫菊酯类农药。因此，在虾池周边，要严禁使用敌杀死、速灭杀、氯氰菊酯等高毒、高残留农药。

（五）捕　捞

幼虾在经过15～20天的培育后，即可捕捞出放入成虾池进行饲养。

捕捞时，先将池中杂草、树枝等打捞干净，然后保持50厘米深水位，用丝质夏花鱼苗拉网捕捞即可。在拉网捕捞出70％左右的幼虾后，即可放水收虾。放水时，可在出水口放一大的水盆，在水盆中放抄网，让水流入抄网中，随时移走抄网中的幼虾。也可不用拉网拖拉而直接放水捕虾。在水泥虾池内，还可保持水深20厘米左右，用手抄网反复对幼虾进行捕捞。捕捞时动作要轻，防止池水变浑浊。

第五章　小龙虾的池塘养殖

池塘是我国水产发展史上常见的大规模人工养殖水域，它为淡水鱼类养殖生产创造了很好的条件。同样，它也可用来进行小龙虾的养殖，为我们提供可观的产量和效益。

一、养殖池塘的准备

作为专门养殖小龙虾的池塘，要想获得很好的收成，就必须为养殖创造好的条件，做好一切准备工作。

(一)池塘条件

养虾池塘可是新开挖的，也可是以前养过鱼的旧池。面积以 3 335～6 670 平方米为好，最好为长方形，池深 2 米。池面通风良好，四周无大片树林遮挡阳光。池堤顶宽 2 米以上，结实不漏水。新挖虾池时，要求池堤坡比在 1∶3 左右，平缓些较好。池底应基本平坦无大的坑凹。有条件的地方，可在池中垒出数个土堆或数条小堤埂，高度以露出水面为宜。养虾池还要做到用水、用电方便，交通便利。

进水设施应建在地势较高位置，排水设施应建在池底，尽量做到自动排水、放水以节省人力、物力。

(二)水源条件

虾池的水源要做到供水充足和供水及时，水体无工业污染和农药污染。水质要清新，符合国家农业部制定的《无公害

食品　淡水养殖用水水质》(NY 5051—2001)的要求。

(三)池塘清整与消毒

1. 清淤　在投放小龙虾前,对于旧池要放干池水,曝晒池底,以硬化池泥。若池底淤泥太深,则要进行清淤。因为过深的淤泥不利于小龙虾以后的打洞潜伏;淤泥中的有机物较多,在水温升高时,有机物腐烂会大量消耗水中的溶解氧,产生大量硫化氢、甲烷等有毒气体和有机酸、氨、氮等有害物质毒害小龙虾;淤泥太深,大量细菌和病毒不易彻底清除,会直接导致小龙虾患病;淤泥中过多的有机物,不利于小龙虾的生长,影响其身体发育,同时也会影响小龙虾成虾的个体色彩和肉质,不利于小龙虾的销售。

2. 消毒　虾池消毒可有效杀灭野杂鱼、蛙、鼠等敌害生物和病菌。常用比较有效且安全的药物主要是生石灰和漂白粉,有些地方还用到鱼藤精和茶饼进行消毒。而对于以前常用在鱼池内消毒的药物如六六六、五氯酚钠等,则属于国家禁用药物,严禁在虾池内使用。

消毒一般在投虾前10～15天进行,主要方法如下。

(1)*生石灰消毒*　分为干法消毒和带水消毒2种方法。干法消毒时,使池中只留5～6厘米的残水,然后每667平方米用50～70千克生石灰化水趁热全池泼洒。生石灰化水时,可在池底挖掘小坑,放入生石灰灌水溶化后向四周泼洒。泼洒完生石灰水后,用竹耙耙动底泥,以使石灰水深入底泥内部杀菌。带水消毒时,按200毫克/升浓度用生石灰化水趁热全池泼洒。也可将生石灰装入箩筐中,悬于船边水中,让其吸水溶化后,划动小船使其流入水中。生石灰消毒的优点包括:一可杀灭敌害生物和病菌;二可疏松池底土质,使其释放肥效;

三可补充小龙虾蜕壳时所损失的钙质，是虾池消毒的首选药物。

(2)漂白粉消毒　按 20 毫克/升浓度用漂白粉化水全池泼洒。由于漂白粉极易潮解挥发，平时使用时，难以保证其有效氯的含量达到 30%。因此，在实际使用中，常需重新测定其有效氯的含量，以适当加大用量。为减少损失，平时贮存时要密封后置于避光干燥处，使用时用陶器或木器盛装，千万不可用金属制品，还要注意不能与生石灰混用。

(3)鱼藤精消毒　用含 2.5%鱼藤酮的鱼藤精按 2 毫克/升的用量，兑水 10～15 倍后全池泼洒。

(4)茶饼消毒　按 40 毫克/升的用量，加少量温水浸泡 12 小时，然后兑 10 倍清水后全池泼洒。

虾池消毒时，应选择晴天高温时进行，以最大限度地发挥药效。

(四)防逃设施的建造

小龙虾既能生活在水中，也常到岸上活动，具有一定的攀爬逃跑能力。在夜晚和水中缺氧、缺食、下大雨等的白天，池塘边多爬满小龙虾。因此，建造适宜的防逃设施非常必要。

建设防逃设施时，要根据预定的养殖年限、池塘堤埂状况、原材料供应情况、自身经济条件等综合考虑。防逃设施有砖砌墙、水泥瓦、石棉瓦、玻璃钢、塑料网片等多种类型可供选择。

1. 砖砌墙防逃设施　在池埂内侧砌筑净高约 25 厘米、厚约 12 厘米的低墙，顶端一层砖横向砌，使墙体呈“T”字形。此种设施坚固耐用，寿命可达 10 年。

2. 水泥瓦、石棉瓦防逃设施　将 1.7～1.8 米长的波浪形水泥瓦或石棉瓦截为3段，竖直插入池堤顶端内侧土中约15厘米，露出土外40厘米左右，两片瓦交接处要重叠一个波纹。要注意瓦要插直，否则两片瓦的结合处会出现空隙，水泥瓦的寿命在10年以上，石棉瓦的寿命为3～4年。

3. 玻璃钢防逃设施 插入池堤顶端内侧土中15～20厘米，露出土外20～30厘米，每间隔1米左右用竹桩固定，其寿命在5～6年。

4. 塑料网片防逃设施 用高70～80厘米、网目20目左右规格的网片，埋入土中10～20厘米，露出土外60～70厘米，网片上部顶端与高为20～25厘米的塑料薄膜顶端缝合在一起(在埋入网片前用缝纫机或钉书机进行缝合)，将有塑料薄膜的一面朝向虾池。此种设施网片的寿命在2～3年，塑料薄膜的寿命约1年。但其材料易得，成本低，在塑料薄膜老化破烂后可用钉书机或针线再将新的塑料薄膜缝在网片的顶端。购买网片时要注意不能选择用再生塑料制成的网片，这种网片易老化，使用时间短。

(五)搭建活动平台

小龙虾与鱼类不同，它不在水体中各水层活动，而是爬行在池底、边坡上。决定其产量的不是池塘的水深，而是可供小龙虾爬行的范围。虾池的底面积和池堤坡面面积越大，小龙虾的产量就越高。因此，为了提高小龙虾产量，可在池塘中搭建一些供虾活动的场所，以增大小龙虾爬行的面积。一般可在池堤四周距堤埂1米左右处，用网片或芦席搭建供小龙虾摄食和活动的小平台。靠近堤埂处宽为60～70厘米的平台保持水平，其余部分呈斜坡状与池底相连。每个小平台之间要保持1～2米的间距，以利于小龙虾到池堤边活动。

(六)移栽水草

俗话说:“虾多少,看水草”。水草是小龙虾在天然环境下主要的饵料来源和栖息、活动场所。在池塘里模拟天然水域生态环境,形成水草群,可以提高小龙虾的成活率和品质。移栽水草的目的在于利用它们吸收部分残饵、粪便等分解时产生的养分,起到净化池塘水质的作用,以保持水体有较高的溶解氧量。在池塘中,水草可遮挡部分夏日的烈日,对调节水温作用很大。同时,水草也是小龙虾的新鲜饵料,在小龙虾蜕壳时还是很好的隐蔽场所。在小龙虾的生长过程中,水草又是其在水中上下攀爬、活动、栖息的理想场所。

水草的栽培,要根据池塘准备情况、水草发育阶段因地制宜进行。要根据各种水草旺发季节的不同,进行合理搭配种植,以确保在不同的季节池塘都能保持有一定的可利用水草。水草的种类要包括挺水类、浮水类和沉水类,可以种植的有慈姑、芦苇、水花生、野荸荠、三棱草、苦草、轮叶黑藻、眼子菜、菹草、水浮莲、金鱼藻、凤眼莲等。人工栽培的水草不宜栽得太多,以占池塘面积20%~30%为宜,水草过多,在夜间易使水中缺氧,反而会影响到小龙虾的生长。水草可移栽在池塘四周浅水区处。

1. 苦草 俗称“扁担草”、“鸭舌条”、“面条草”等,为多年生沉水植物,有匍匐枝,叶基生,线形,自然分布于湖泊、河流之中。植物体鲜嫩,为小龙虾的优质饵料。在养殖小龙虾的池塘中栽培苦草,可以为小龙虾提供部分天然饵料,由于其生长速度很快,可以很快形成茂密的“水下森林”,对小龙虾躲避其他生物的危害,提高成活率极为有利。同时,苦草的发育需要大量的营养,可以吸收水中的无机盐份,不使水体过肥,从而使水质得到改善。繁茂的苦草还可遮蔽阳光，在高温的夏季能降低池塘的水温，有利于小龙虾正常生长。

苦草以播种为主，种植的时间在清明前后，即 4 月上旬。当气温稳定在 15℃时，利用晴天晒草种 2～3 天。播种前将草种浸泡 12～24 小时，然后用柔软的材料包住轻搓，将搓出的草籽用细沙土拌匀撒入池塘中。每 667 平方米池塘可以播种 100 克左右。池水保持在 15～25 厘米，待苦草萌发后再逐渐加深水位。为了促进苦草的生长，应控制池水的深度，5 月份以前水深保持在 30 厘米左右，6 月份保持在 50～70 厘米，7 月份可达 1 米左右。苦草也可移栽，当植株发育到 20 厘米左右时，离池边 1～2 米，保持行、株间距 1 米左右，以 3～5 株苦草为 1 束，插入池底淤泥中 3～4 厘米即可。每 667 平方米可移栽 200 株左右，占池底面积的 25%～30%。移植苦草亦可将根刨起，用泥土包根捏成团投入池中。

2. 轮叶黑藻 俗称“温丝草”、“灯笼薇”、“转转薇”等，属多年生沉水植物，茎直立细长，叶呈带状披针形，4～8 片轮生。叶缘具小锯齿，叶无柄。轮叶黑藻是一种优质水草，自然水域分布非常广，尤其在湖泊中往往是优质种群，营养价值较高，是小龙虾喜欢摄食的品种。

轮叶黑藻可在 4 月中下旬左右进行移栽，将轮叶黑藻的茎切成段栽插，每 667 平方米需要鲜草 25～30 千克，6～8 月份为其生长茂盛期。轮叶黑藻栽种一次之后，可年年自然生长，用生石灰或茶饼清池对它的生长也无妨碍。轮叶黑藻是随水位向上生长的，水位的高低对轮叶黑藻的生长起着重要的作用，因此池塘中要保持一定的水位，但是池塘水位不可一次加足，要根据植株的生长情况循序渐进，分次注入，否则水位较高影响光照强度，从而影响植株生长，甚至导致死亡。池塘水质要保持清新，忌浑浊水和肥水。

3. 菹草 又称虾藻、虾草。为多年生沉水植物，具近圆柱形的根茎，茎稍扁，多分枝，近基部常匍匐于地面，于结节处生出疏或稍密的须根。叶条形，无柄，先端钝圆，叶缘多呈浅波状，具疏或稍密的细锯齿。菹草生命周期与多数水生植物不同，它在秋季发芽，冬、春季生长，4～5 月份开花结果，6 月份后逐渐衰退腐烂，同时形成鳞枝（冬芽）以度过不适环境。鳞枝坚硬，边缘具有齿，形如松果，在水温适宜时开始萌发生长。栽培时可以将植物体用软泥包住投入池塘，也可将植物体切成小段栽插。

4. 金鱼藻 为沉水性多年生水草，全株呈深绿色，茎细长、平滑，长 20～40 厘米，疏生短枝，叶轮生、开展，每 5～9 枚集成一轮，无柄。在池塘中 5～6 月份比较多见，它是小龙虾夏季利用的水草，可以进行移栽。

5. 水花生 又称空心莲子草、喜旱莲子草、革命草，属挺水类植物。因其叶与花生叶相似而得名。茎长可达 1.5～2.5 米，其基部在水中匐生蔓延，形成纵横交错的水下茎，其水下茎节上的须根能吸取水中营养盐类而生长。根呈白色稍带红色，茎圆形、中空，叶对生、长卵形，一般用茎蔓进行无性繁殖。水花生适应性极强，喜湿耐寒，适应性强，抗寒能力也超过凤眼莲和水蕹菜等水生植物，能自然越冬，气温上升至 10℃时即可萌芽生长，最适生长温度为 22℃～32℃。5℃以下时水上部分枯萎，但水下茎仍能保留在水下不萎缩。水花生可在水温达到 10℃以上时向池塘移植，随着水温逐步升高，逐渐在水面，特别是在池塘周边浅水区形成水草群。小龙虾喜欢在水花生里栖息，摄食水花生的细嫩根须，躲避敌害，安全蜕壳。

6. 凤眼莲 为多年生宿根浮水草本植物。因它浮于水面生长，且在根与叶之间有一葫芦状大气泡，故又称其为水浮莲、水葫芦。凤眼莲茎叶悬垂于水上，蘖枝匍匐于水面。花为多棱喇叭状，花色艳丽美观，叶色翠绿偏深。叶全缘，光滑有质感。须根发达，分蘖繁殖快。在6～7月份，将健壮的、株高偏低的种苗进行移栽。凤眼莲喜欢在向阳、平静的水面，或潮湿肥沃的边坡生长。在日照时间长、温度高的条件下生长较快，受冰冻后叶茎枯黄。每年4月底至5月初在历年的老根上发芽，至年底霜冻后休眠。在水质适宜、气温适当、通风较好的条件下株高可达50厘米。

凤眼莲对水域中砷的含量很敏感，当水中砷达到0.06毫克/升时，仅需2.5小时凤眼莲即可出现受害症状。表现为外轮叶片前端出现水渍状绿色斑点，逐渐蔓延成片，导致叶面枯萎发黄、翻卷，受害程度随砷浓度增大而加重，受损叶片也会增多，并可涉及叶柄海绵组织。在农业部《无公害食品　淡水养殖用水水质》(NY 5051-2001)标准中，砷的含量必须低于0.05毫克/升。因此，凤眼莲作为一种污染指示植物，用来监测水域是否受到砷的污染，是很有实际参考价值的。

(七)培肥水质

在投放虾苗、虾种前，池塘要施肥以培肥水质来增加水体中小龙虾喜食的浮游生物数量。水体内如果肥料充足，各种蚤类和藻类等就会大量繁殖和生长，就可保证养殖期间特别是养殖初期虾种、虾苗对饵料的需求，可促进小龙虾的生长，提高小龙虾的品质和产量。

施肥前虾池内要注入符合标准的新水，注水时进水口要用20～40目的网片过滤，防止野杂鱼和敌害生物进入。注水1～1.5米后，施入腐熟的有机堆肥或粪肥，施肥量每667平方米 200～500 千克。

二、小龙虾苗种的放养

由于小龙虾的产卵、繁殖受温度、水质等多种因素的影响，造成仔虾孵出时间的不同步。除了冬季之外，其他季节都有小龙虾产卵现象。这样，在天然水体内就存在有各种不同规格的小龙虾个体。

在池塘养殖小龙虾时，我们可根据不同的投种季节，选择不同规格的苗种，投放不同的数量，从而大致确定成虾的上市时间和产量。

由于小龙虾除了人工培育出的幼虾在时间上比较一致、规格上比较整齐外，从市场收购和天然水域捕捞的幼虾个体大小都不均匀。这样在投种时，我们可参考以下放养模式，根据所获得苗种的规格来大致确定苗种的投放量。

(一)几种放养模式

以下模式适合于华中地区，其他地区可根据当地气温与华中地区的差别来调整投种时间。产量一般按每 667 平方米 350～450 千克设计。

1. 春季放养模式 在华中地区进行春季放养时，一般可选择在 3 月中下旬至 4 月中旬进行，因此季节小龙虾幼虾已度过越冬期大规模出洞活动，便于捕捞放养。每 667 平方米可投放体长为 2～4 厘米的幼虾 2 万～3 万尾，经过 4～5 个月养殖，在 8 月份开始陆续捕捞上市，商品虾个体重可达 25～30 克，单产约 400 千克。

也可在 4 月中旬至 5 月上旬放养规格为 150～200 只/千

克的大个体幼虾 150 千克(2 万～3 万尾),经过 3～4 个月的养殖,在 7 月底开始陆续捕捞上市,单产可达 450～500 千克。

还可在 8～9 月份捕捞出约 350 千克成虾后停止捕捞,剩下 80～100 千克成虾留塘作为亲虾,让其繁殖供应翌年生产所需幼虾。

2. 夏季放养模式 在 7 月中下旬每 667 平方米投放体长 1 厘米左右幼虾 3 万～4 万尾,经过 3～4 个月的养殖,可在 11 月底开始捕捞上市,一直可持续到翌年 4 月份。

也可在 8～9 月份每 667 平方米投放 40～50 千克经人工挑选的小龙虾亲本,让其在池中自行产卵繁殖,经过 8～10 个月的养殖,到翌年的 3 月中下旬开始捕捞,捕大留小,一直捕捞到 7 月底,可产虾 400～450 千克。

3. 秋、冬季放养模式 在 9～10 月份每 667 平方米投放体长 1 厘米左右的幼虾 3 万～5 万尾,在翌年 4 月份开始捕捞上市,捕大留小,在 7 月份可干池捕完。

也可在 10～11 月份每 667 平方米投放体长 2～4 厘米的幼虾 2 万～4 万尾,捕捞季节同上。

4. 其他放养模式 由于小龙虾在水体中的个体大小不一,在天然水域捕捞的小龙虾不可能全都达到上市所需的大规格。有些人工养殖小龙虾的水体,由于种种原因也需捕捞完水体内的各种规格的小龙虾。因此,在生产中,对于个体在 100～300 只/千克的幼虾,我们可收集起来,投放到池塘内进行养殖,每 667 平方米放养量为 100～200 千克。投放幼虾的时间不受季节的限制。一般在养殖 3 个月左右下网检查,若达到较大的上市规格则捕捞上市。捕捞时捕大留小,持续上市。此种养殖方式必须要保证饲料的充足供应,否则较大规格的虾会侵害小规格的虾。

(二)苗种选择

池塘养殖用的小龙虾苗种最好直接来源于小龙虾养殖基地,这样可保证有整齐的规格和可靠的质量,同时也可减少因中间环节多而造成的损失。但在生产中,有许多养殖户仍购买天然水域捕捞的苗种进行放养。因此,把握好投放苗种的质量关,直接关系到养殖产量的高低,是影响经济效益好坏的重要一环。

池塘放养的亲虾,要保证体质健壮,肉质肥满,活动迅速。虾体光泽度要好,色泽鲜明无损伤。规格要整齐,体长、体重相差不大,体形正常无畸形,肢节齐全无缺损。

池塘放养的幼虾,规格要大体一致,不能相差过于悬殊。体色要正常,个体越小,颜色越浅,虾壳已变红的不能要。幼虾活动力要强,在运输过程中,对于漂浮在水面或沉积在容器水底的幼虾要剔除。虾壳过于柔软的幼虾,多因严重缺钙所致,这种虾易死亡,在选种时要剔除。从市场中购买的幼虾由于在运输过程中与成虾混在一起,常受到严重的挤压,造成内脏受伤。有些捕虾者为方便,往往采用塑料编织袋包装运输,更是加剧了对幼虾的挤压,所以这种幼虾不能选用。捕捞上来脱水时间过久的幼虾,再经过运输,会有很高的死亡率,因此发现身体十分干燥,活动不警觉的虾也不能选用。

(三)苗种投放方法

对于采用氧气袋运输的幼虾,要浸入池水中调温 10～20 分钟后,缓慢放入水中。

对于用桶、罐车等带水运输的大规格幼虾,要将池水少量、逐渐地兑入装虾容器内进行调温,10 分钟左右后,连虾带水小心缓慢地放入池中，切不可一下子放入过急，导致幼虾昏迷、损伤。

对于用筐、篓等工具运输的亲虾或大个体幼虾，要将篓沉入池水中2～3分钟后提起，放置一会儿后再沉入池水中，如此反复2～3次后，再放虾入池。

幼虾投放时，要选择早晨或傍晚等气温较低时进行。要将幼虾投放在池塘上风浅水区有水草处，要多点分散投放。亲本可全池分散投放在有水草的区域内，投放时不能让亲虾堆积。

三、池塘管理

(一)鱼类套养

小龙虾为底栖爬行动物，主要生活在池塘底部。而作为池塘水域环境来讲，中上层的大部分水体由于没有完全被利用而浪费。为了提高池塘的经济效益，我们可以在养虾的同时，套养各种鱼类。在套养鱼类时，可不改变小龙虾幼虾或亲本的投放量，只是在喂养时适当增加饵料量。

1. 套养鱼种 在小龙虾苗种投放后，每667平方米投放水花鱼苗2万尾或3厘米左右的夏花鱼种1万尾。放养的鱼类品种有花白鲢、草鱼、鳊鱼、鲫鱼等，一般每667平方米可产大规格鱼种250～300千克。

2. 套养成鱼 在投放小龙虾苗种的池塘中，可投放50～100千克的花白鲢、鳊鱼、鲫鱼50～60千克(400～500尾)，经过1年养殖可产成鱼300～350千克。

3. 网箱养鱼 在养虾池塘中可设置一些深2米、宽1

米、长 2 米的开口网箱来进行高档肉食性鱼类的养殖。一般每 667 平方米可设网箱 6～8 口，网目宜大不宜小，以不能让投放的鱼种钻出为宜。投放的肉食性鱼类品种有黄鳝、黄颡鱼、鲶鱼、鮰鱼、加州鲈、乌鱼等。放养鱼类的规格和数量，可按每平方米 10～20 千克的收获产量来确定，即每平方米放养体长 3～8 厘米规格的鱼种 2～5 千克。

(二)水质管理

1. 施肥 养虾池塘除投放小龙虾苗种前施用基肥培肥水质外，还应根据水质的变化情况追施一定的肥料，以保证水中浮游动物的供应。追肥以腐熟的有机肥为主，少施化肥，特别是不能施碳酸氢铵。在施追肥时，要做到少施、勤施，每次施肥量不宜过多，以利于控制水质。一般每月施 1 次，每次每 667 平方米施肥量为 100 千克左右，追肥的施用量应根据季节、天气、温度、水色等来调整。一般春、秋季因水温低，有机物分解慢，施肥量可适当加大一些；在夏季等高温季节，应减少施肥量。在天气晴朗时可多施，阴雨天少施，雷雨天到来前的闷热天气不施。施肥时还要看水色，一般池水呈草绿色、茶褐色且无浑浊的水为好水，其透明度在 30 厘米以下时，不施肥，在 30 厘米以上时及时施肥，若水色呈黑褐色或水面积聚黄绿色水华，则应换水后再施肥。

2. 调节水质 在小龙虾养殖过程中，早春气温较低时可降低水位，保持水深 30～60 厘米，以使水温较快回升。以后随着气温的逐渐升高，可逐步加高水位。在夏季高温季节，保持水深在 1.5～2 米。夏季气温高时如果水位过低，则会加快小龙虾性腺的发育，引起虾的早熟，造成商品虾个体偏小。一般在小龙虾养殖期间，气温低时应每 10～15 天加注新水 1

次，夏季每 7～10 天加水 1 次，以保持水中溶解氧量在 5 毫克/升以上。

有条件的地方，要安装增氧机，以便在夏季高温期、阴雨天和天气突变时能及时补充水中过低的溶解氧量。养虾池塘要选择空气压缩增氧机和喷淋式增氧机，其优点是不拍击和搅动水体，避免对虾的伤害。而叶轮式增氧机和水车式增氧机在同等功率下，要比喷淋式增氧机对水域旋流幅度大，容易损伤虾，使用此种增氧机水深一定要保持在 1.5 米以上。

若白天天气晴朗时发现小龙虾大量爬出水面，则证明缺氧要及时加注新水。平时要经常观察水质的变化，使水质长期保持在肥、活、嫩、爽的状态。

肥：指水色浓度适当，有利于虾类消化的浮游植物量大并形成水华。一般透明度在 25～35 厘米，水色呈茶褐色或草绿色。

活：指水色和透明度随着阳光强弱的不同而不断变化。这主要是池中浮游植物的优势种群交替出现，充满活力。渔民常说的“早清晚绿”、“早红晚绿”、“半池红半池绿”均是指这种变化。若池中出现黄色和绿色交错在一起一缕缕如云彩状的水花，则是水中不易消化的藻类过多，是水质转坏的表现，应及时换水。此外，池水的活不但要在每天的不同时间有不同变化，还要每 10～15 天有周期性变化，这就意味着有益的藻类种群处在不断被利用和不断增长的良性循环状态中。

嫩：指水肥而不老。水老的征象主要有 2 种，一种是水色发黄或呈黄褐色，另一种是水色发白。这些征象的出现，是因为水体内鱼虾不易消化的蓝藻大量孳生或藻类细胞老化死亡导致水质恶化形成的。

爽：指水质清爽，水色不太浓，透明度在 25～35 厘米。

(三)投　喂

小龙虾在天然水体中，由于密度小，水生植物、底栖动物等饵料能满足其生长要求，所以长势较好。但在池塘等人工高密度精养的环境下，由于天然食物的缺乏，就不得不人工投喂饵料来满足小龙虾生长发育的需要。

1. 饵料的种类　小龙虾属杂食性，除仔虾和小型幼虾只摄食枝角类、桡足类等浮游生物外，其他个体还摄食植物性和动物性饵料，如水草（水花生、芜萍、马来眼子菜、苦菜、菹草、轮叶黑藻、金鱼藻、凤眼莲等）、陆生青草（鲜嫩的麦苗、禾苗、苏丹草、黑麦草、苜蓿、青菜等）、果实类（麸皮、甘薯、大麦、玉米、稻谷、皮糠、豆渣、各种饼粕）、人工配合饲料、螺、蚌、小杂鱼、小虾、蚯蚓、蝇蛆以及各种动物的尸体、肉类食品加工厂的下脚料等。

在小龙虾养殖生产中，应将动、植物性饵料合理搭配进行投喂，才能满足小龙虾生长的需要。同时，还可节约饲料，降低成本。在投喂的饵料中添加 0.1%～0.15%的虾蜕壳素，可以加快小龙虾的蜕壳周期、保证群体蜕壳的同步性以及提高小龙虾产量。

2. 投喂的地点　给小龙虾投喂饵料时，可在池塘岸边设立食台。一般可将芦席或塑料编织袋固定在水面下，将饵料投入其中让虾摄食。也可不设食台，而将饵料投放于岸边水草处或水面处，让虾爬上岸边摄食。要养成定点投喂的习惯，以方便小龙虾摄食。

3. 投喂方法　人工投喂饵料的次数和数量，应根据季节、虾体大小、摄食习惯等确定。

一般对于投放的 1～3 厘米规格的小龙虾，因其个体小，摄食时不选择时间，可每天投喂 2～3 次，投喂时沿池边进行泼洒。同时，由于肥水可为其提供较多的饵料，人工投喂饵料的量不需大。如按放养模式投放幼虾，则早期每 667 平方米投放喂鱼糜、绞碎的螺蚌肉、豆浆等 200～500 克，或投喂专门的虾类开口料 100～200 克。在春、秋季饲喂约 60 天、夏季饲喂 40～50 天后，小龙虾个体增大，可按大虾的方式进行喂养。

对于规格在 250 只/千克以上的幼虾，每天可投喂饵料 2 次，高温生长旺季可投喂 3 次；在水温低于 13℃时，停止投喂。一般每 15 天每 667 平方米投放水草 100～150 千克，同时投喂小龙虾喜食的动、植物性饵料，保持饵料蛋白质含量在 25%左右。每天投喂量按池塘虾总重量的 2%～6%掌握，同时根据季节、天气、水质、虾的生理状况以及小龙虾摄食情况进行增减。气温高时生长迅速，摄食旺盛，投喂量大；气温低时生长缓慢，摄食量减弱，投喂量就小。6～9 月份水温适宜，是小龙虾的生长旺期，一般每天投喂 2～3 次，时间在上午 9～10 时和傍晚或夜间，日投喂量为虾体重的 5%～8%；其余季节每天投喂 1 次，于傍晚进行，或根据摄食情况于翌日上午补喂 1 次，日投喂量为体重的 1%～3%。饵料投喂需注意天气晴好时多投，高温闷热、连续阴雨天或水质过浓则少投；大批虾蜕壳时少投，蜕壳后多投。

投喂饵料时，要根据具体情况对动、植物性饵料进行合理搭配。一般动物性饵料所占比例为 35%～40%，植物性饵料占 60%～65%。植物性饵料中，草类与果实类各占一半比例。

投喂时，还可根据草类和谷物类的生长情况来决定植物性饵料的投喂重点。如夏季草类生长旺盛，产量高，可适当多投；春、秋季草类减少，则果实类饵料可多投。

(四)日常管理

虾池的日常管理重点是巡塘。巡塘的重点是观察虾的活动情况、水质的变化情况和天气情况。

小龙虾若在白天休息,晚上活动,摄食正常,说明虾体健康,池塘环境也好。若虾在白天出来活动,则要检查有无病害发生。如虾体无病,且摄食量突然减少,白天又大量浮出水面,表明水体缺氧,要及时换水或增氧。

在看水时,除了掌握水色的变化情况及时调节水质外,还应及时修整破漏的堤岸,及时打捞未吃完的饵料。

巡塘时,还要做好防盗、防敌害(蛙、鼠、蛇)等工作。

此外,还要对小龙虾的生长情况进行检查。在成虾的池塘饲养中,7 月份以后要每 15 天检查 1 次生长情况,检查体长、体重、体表颜色等。检查可随机取样,为了避免在检查中使虾受损,除了发生大的病情外,不要抽干水检查,可以采取笼、箱诱捕的方法捕捉,也不要把许多虾放在一起称重,避免造成伤害。

(五)捕　捞

由于小龙虾生长速度较快,3～4 个月就可以达到商品规格,在小龙虾个体体色变红、甲壳变坚硬、体重达 20～30 克以上时,即可捕捞上市。小龙虾的捕捞时间较长,一年四季都可以捕捞,3～11 月份可以采用多种方式捕捞。12 月份至翌年 2 月份由于天气较为寒冷,小龙虾进入洞穴越冬,可以人工掏洞捕捉。但冬天的小龙虾或是没有达到商品规格,或是要作为翌年的亲虾,捕捞后浪费严重,因此通常不予捕捞。

1. 网片捕捞　在夜晚,将网片平置于池底水中,再将小龙虾喜欢吃的饵料撒入网片中间，引诱小龙虾进入网片中后，拉起网片四角即可将虾捞出。

2. 拉网捕捞 即利用鱼网像拉鱼一样捕虾。

3. 地笼网捕捞 有专门的鱼网生产企业生产捕捞小龙虾的地笼。每只地笼长10～30米不等，宽、高各为30厘米左右，每隔40～50厘米有一用铁丝或竹片等制成的30厘米×30厘米的方框形支架支撑，两支架之间形成格子，每只格子两面带倒刺，笼子上方织有遮挡网，地笼的两头分别圈为圆形。地笼网以有结网为好。每天上午或下午把地笼放到虾塘的边上，里面放进腥味较浓的鱼、鸡肠等物作诱饵。傍晚时分，小龙虾出来寻食时，闻到异味，寻味而至，因地笼上方有网遮挡，爬不上去，便四处找入口，钻进笼子。进笼的虾滑向笼子深处，成为笼中之虾。这种捕捞法适宜野生小龙虾的捕捞和池水较深的小龙虾捕捞。

4. 手抄网捕捞 把虾网上方扎成四方形，下面留有带倒刺锥状的漏斗，沿虾塘边缘地带或水草丛生处，不断地用杆子赶，虾进入四方形抄网中，提起网，虾也就捕到了，这种捕捞法适宜用在小龙虾密集的地方。

5. 干池捕捉 抽干水塘的水，小龙虾便呈现在塘底，用人工手拣的方式，即可将虾捕出。

此外，还有利用罾网、流水等捕捞的方式。

第六章　小龙虾的稻田养殖

稻田里水质清新、溶解氧丰富，可供小龙虾食用的浮游生物和水草也很多，在稻田中养殖小龙虾，可充分利用稻田水源、土地、饵料等条件，提高养虾效益。在养殖小龙虾的同时，还可种植水稻，形成田养虾、虾促稻、稻虾双丰收的双赢局面。稻田养虾，可构造出一个良性循环的农田生态系统，这对提高社会效益、经济效益和生态效益具有重要作用。稻田养殖的小龙虾可摄食田中的杂草、水生昆虫、水稻寄生虫等，不仅减少了稻田中肥分的损失，而且虾粪也是一种高效肥料。稻田养虾减少了虫害、草害，减少了药物的使用，促进水稻生长，提高水稻产量。实践结果表明，养虾的稻田一般水稻产量可增加5%以上。同时，稻田中的水环境好、溶解氧高、光线弱、动物性饵料多，为小龙虾提供了良好的栖息、蜕壳和生长环境，有利于虾的生长，一般每667平方米稻田内提供的天然饵料可增产小龙虾50～80千克。因此，稻田养殖小龙虾，有利于改善农田生态系统的结构与功能，有利于合理利用水田土地资源和水域资源，能更好地提高经济效益，增加收入。

一、养虾稻田的改造

（一）稻田的选择

养殖小龙虾要选择靠近水源、水量充足、不受旱灾和洪灾影响、水质清新、周围无污染、土壤肥沃、保水性能好、阳光充足的稻田。有些山区稻田有溪水或泉水流入，水温较低，如能延长其流程让水温增高，也可用来养殖小龙虾。某些地方特别是湖区、库区有许多低湖田、冬泡田、冷浸田，都是养小龙虾的好稻田。

稻田以壤土为好，田埂要比较厚实，田面平整，稻田周围无高大树木遮挡阳光。有条件的最好能做到涵闸配套，水、电、交通设施配套。

用于养殖小龙虾的稻田面积可大可小，但较大的面积可降低综合成本。

(二)田间工程

1. 田埂加固 养虾稻田由于要防虾打洞贯穿田埂而保水，就必须对田埂进行加高、加宽、加固。田埂顶部应宽 3 米，埂高 0.8～1 米，田埂加固时要夯实，以防大雨时被冲垮。

2. 开挖虾沟 稻田内养虾时，由于种水稻要浅灌、晒田、施化肥、撒农药，小龙虾养成后还进行虾的捕捞。因此，就必须在稻田内开挖供虾活动和捕捉虾的虾沟。根据稻田的大小，虾沟有环形沟和田间沟 2 种。

(1)环形沟 就是沿稻田田埂内侧四周开挖的虾沟。面积较小的稻田，可只开挖环形沟。环形沟可人工开挖，也可用挖掘机开挖，机械开挖快捷、方便。一般沟宽 0.8～1.5 米，沟深 0.8 米左右，挖掘机开挖时，1～2 铲即可成形。

(2)田间沟 稻田面积较大的，还要在田中开挖田间沟。田间沟宽 0.8～1 米，深 0.5～0.8 米。面积不是太大的，在田中间平行于窄田埂开挖一条横沟即可。面积大的，可挖“十”字形、“井”字形、“丰”字形沟。开挖田间沟的多少，以环形沟和田间沟的面积占稻田面积 10%左右确定，田间沟两端要与环形沟相通。田间沟开挖出的土在不影响水稻生产的情况下,可在田间堆成若干个小土堆或一条窄堤埂,土堆1/3要露出水面,土堆要较为均匀地分散在田间各个位置,不宜过大、过多。

开挖虾沟剩余的土可以直接加在田埂上用于加高田埂,平整田面,田埂加固时每加一层泥土都要进行夯实,把田埂加宽加高。

3. 进、排水设施 养虾稻田的进、排水设施必须完善,要保障供水及时。进水口应建在稻田埂的最高处,排水口建在稻田的最低处,按照高灌低排的原则,使水灌得进、排得出。进、排水口尽量建在稻田的两个斜对角处,保证水流通畅。进、排水口要用铁丝网、塑料网或栅栏围住,防止小龙虾随水外逃和敌害进入。

4. 避暑设施 有条件的地方,可在稻田环形沟两边打桩牵上铁丝或木架、竹架,在田埂边种瓜类和豆类植物,让藤蔓爬架成荫,起到降温的作用,同时也可收获副产品。也可在打桩后用遮阳网覆盖降温,桩高约1.5米,田埂上两桩间隔2.5～3米,搭建的遮阳架之间要留有间隔,以留出空间供人们进行养虾操作。

5. 防逃设施 可参照池塘养殖建造防逃设施。

6. 移栽水草 为了保障小龙虾在生长过程中蜕壳、防敌害和摄食的需要,在投放虾苗、虾种前,还要在环形沟内移栽部分沉水类和浮水类水草,如轮叶黑藻、金鱼藻、凤眼莲等。移植水草的数量以占环形沟面积的30%～50%为宜。移栽水草后,要保证水流的畅通。

二、养殖模式

小龙虾的稻田养殖分为种一茬水稻养一茬虾的稻虾连作模式和养虾与水稻生产同时进行的稻虾共生模式。

(一)稻虾连作模式

稻虾连作模式也称为稻虾轮作模式。是指种植一季中稻,在9月中旬稻谷收割后,进行小龙虾的养殖。小龙虾养殖到翌年5月下旬至6月初,捕虾还田再种中稻。这主要是针对平原湖区或水洼地带的一些低湖田、冷浸田而采用的养虾方式。这些低湖田、冷浸田一般受水浸渍严重,地温较低,在种植一季中稻后,大多空闲。利用空田时间来养虾,可充分利用资源,发展生产,既不影响种植业的产量和收益,又增加了养殖业的产品和效益,实为农村增产增收的一条致富之路。

1. 经营方式 用于稻虾连作的稻田面积可大可小,但对于面积大小不同的稻田在实际生产中必须采用适宜的经营方式才能取得较好的效益,否则会因管理不善和各种纠纷,导致养虾失败。

江汉平原湖区水网地带的农民,经过几年的探索,总结出了3种行之有效的方法,来解决生产中的经营管理问题。

一是自主经营。对于稻田面积较大的农户,自己独立进行稻虾连作的经营。

二是承包经营。对于稻田面积较小没有兴趣养虾的农户,为了不让稻田闲置,可将稻田集中租赁给别人进行小龙虾的养殖,自己只负责进行中稻的生产。

三是股份制经营。有些稻田面积较小而又想养虾的农户，觉得前期开支过大，而且虾常常跑到别人的稻田中而造成纠纷不断，于是便出现了相邻几家农户按稻田面积大小入股，按股投资、按股分红进行稻虾连作生产的方式。稻田之间不需加固堤埂，不需加装防逃设施，更不用担心相邻稻田的小龙虾"互相串门"，从而减少了早期投入，提高了生产效益。

2. 生产准备

（1）消毒　由于稻虾连作的稻田在种稻时其水体为开放式水体，田中有许多敌害生物，如杂鱼、有害昆虫、老鼠等，这些生物有的直接以摄食小龙虾作为食物来源，有的在小龙虾蜕壳时对虾产生伤害，此外还孳生很多病菌。因此，在中稻收割之后，应进行消毒处理。如果田中有水，而且虾沟已挖好，每667平方米可用15千克漂白粉或70～80千克生石灰化水后在田内泼洒，同时田埂和田中土堆都要泼洒，如果水深不到1米，则应减少用量。

（2）进水、施肥　准备放虾前7～10天，往稻田灌水0.2～0.3米深，然后施肥培养饵料生物。一般每667平方米施有机农家肥500～800千克，农家肥肥效慢，肥效长，施后对虾的生长无影响，最好一次施足。同时，收稻后的稻草应全部留在田中，全田散撒或堆成小堆状都可，不要集中堆在一起。

（3）其他准备　在施基肥的同时，还要在虾沟中移栽水草。一般水草占虾沟一半的面积，以零星分布为好，不要聚集在一起，这样有利于虾沟内水流畅通无阻塞。另外，也可设置一些网片、树枝和竹筒。还可利用与虾洞直径大小相仿的木桩，在田埂边、人造小土堆以及稻田中央，人工扎制一些洞穴，洞穴最好打成竖洞或30°左右的斜洞，避免横洞。向阳避风的地方多打，朝北的地方少打，为小龙虾交配繁殖和越冬做好准备。

3. 小龙虾的投放 用作稻虾连作的稻田，若以前未开挖虾沟，则要在中稻收割完毕后，及时抓紧时间开挖虾沟。虾沟开挖后，马上灌水投放小龙虾进行养殖。

(1)投放抱卵虾 中稻收割后的9月中旬左右，从养殖基地或是市场收购体质健壮、无病无伤、附足齐全、规格整齐、个体较大(个体重在40克以上)的抱卵亲虾，放入稻田让其孵化，放养量为每667平方米15～20千克。

(2)投放幼虾 在9月中下旬，将稻田灌水后，往稻田中施入农家肥作基肥来培肥水质，用量约为每667平方米500千克，然后投放体长2～4厘米规格的幼虾2万尾左右。

(3)投放亲虾 若用于稻虾连作的稻田以前养过虾，有开挖好的虾沟存在，则可在7～8月份，向虾沟中投放颜色暗红有光泽、附足齐全无损伤、体质健壮活动强的35克以上的大个体小龙虾亲本，每667平方米投放量为20～25千克。投放的亲虾雌性要多于雄性，最好的雌、雄比为3∶1。

有些地方在中稻收割后，由于收购的抱卵虾数量不够，也投放亲虾。但因其繁殖出后代的时间较晚，进入越冬期时幼虾的个体太小，死亡率高。此外，与7～8月份投放的亲虾相比，在翌年插秧整田前捕捞时，因其后代的生长期要少几个月，个体长不大，所以产量也较低。

(4)注意事项 在投放抱卵虾和亲虾时，虾的运输时间要短，要选择气温较低时进行。如果气温较高，要加冰块降温。

在收集、投放抱卵虾和亲虾时，操作要小心，特别是不能将抱卵虾的卵弄掉。投放前，要用5%盐水浸洗虾体3～5分钟，洗浴过程中，发现虾稍有不适就要放虾入田。浸洗时，虾的密度一定不能大，否则易引起虾大批死亡。

亲虾、抱卵虾投放时，要先将装虾的虾篓、虾筐放入稻田沟中浸泡 2～3 分钟后提起，在田边搁置几分钟，再放入稻田沟中浸泡，如此反复 2～3 次，让虾适应水温后再投放。

幼虾投放时，也要采取措施来让虾适应水温。若是用氧气袋运输的幼虾，可不打开包装直接浸入稻田水中放置 10～20 分钟后，再打开包装将虾缓慢放入水中。

对于用桶、罐车等带水运输的幼虾，要将田里的水用瓢少量多次地加入装虾容器内进行调温，约 10 分钟后，连虾带水缓慢地放入池中，切不可一下子冲入过急，否则会使幼虾昏迷、损伤。

4. 生产管理

（1）灌水　养虾稻田在放虾前都要及时灌水。对于采用中稻收割前投放亲虾养殖模式的稻田，稻田的排水、晒田、收割等活动均可正常进行。但在排水时，要慢慢让水量减少，以使进入沟外稻田中的亲虾回到环沟和田间沟内，在稻田变干、虾沟内水深 60～70 厘米时，停止放水。在中稻收割完后，及时灌水。

（2）消毒　每月应向稻田中泼洒 20 毫克/升浓度的生石灰水 1 次，杀灭水体中细菌，预防疾病。此外，生石灰还可补充小龙虾所需的钙质。

（3）施肥　中稻收割后投放抱卵虾、亲虾和幼虾的稻田，要追施一些腐熟的有机肥培肥水质，为仔虾、幼虾提供充足的食物。在中稻收割前投放亲虾的稻田，也要在中稻收割后及时灌水、追施腐熟的有机肥。一般每个月要施追肥 1 次，每次每 667 平方米施肥量为 150 千克左右。除越冬期不施外，其他月份都要追施肥料。

（4）投喂　对于投放亲虾、抱卵虾的稻田，在开始投虾至大量幼虾出来活动的这段时间内，可不投喂，因为亲虾和抱卵虾可摄食稻田内的腐殖质、水生昆虫、浮游生物、有机碎屑等。

在稻田内有大量幼虾时，要加强对幼虾的培育。除了虾沟内在投苗、投种前已移栽的水草外，还应每月投喂小龙虾易食用的水草。

若灌水后的2～3个月内，稻田中水质较浓，白天少见幼虾活动，则可不投喂饵料。若水质清淡，白天即可看见大量幼虾活动时，就要及时投喂饵料以加强幼虾食物的补充。投喂的饵料有麸皮、米糠、螺蚌肉、鱼虾肉、食品加工厂的下脚料以及鲤鱼、鲫鱼的人工配合饲料等。投喂时要荤素搭配，每天投喂量为500～1 000克，要根据幼虾摄食情况进行调整，以使虾刚吃完为好。每天上午、傍晚各投喂1次。当水温低于12℃后，小龙虾进入越冬期，可停止投喂。在投喂的饵料中添加0.1%～0.15%的虾蜕壳素，可以加快小龙虾的蜕壳周期、保证群体蜕壳的同步性以及提高小龙虾产量。

小龙虾度过越冬期后，要加强水草、饵料的投喂。一般每月投喂2次水草，每天投喂麸皮、饼粕、小麦、稻谷、螺蚌肉、鱼虾肉、下脚料、配合饲料等。在3～4月份，每天投喂量为1 500～2 000克，4月份以后，每天投喂量为3 000克左右，要根据摄食情况调整具体的投喂量，且要荤素间隔投喂，以保证营养均衡。

由于稻田中的饵料生物在有稻秆的地方较多，一般虾活动的区域也在稻田中央，虾沟只有少量，所以投喂地点也应越过虾沟，投到稻田中去，最好定时、定点、定量。一般每667平方米设2～3个投喂点即可，但豆浆、米浆要全田泼洒。

(5)其他管理措施　对于投放亲虾、抱卵虾的稻田，在发现稻田中有大量离开母体独立活动的幼虾出现时，即可将亲虾捕捞出。

越冬时惟一要做的是当天冷结冰较厚，且多日不化时需打破冰面，增加水中溶解氧量。

翌年 3 月份左右，小龙虾度过越冬期，水温开始上升，可采用降低水位，增加日照量的方法提高水温，促使水温更适合小龙虾的生长。

在养殖过程中，要观察水位的变化，及时充水。还要防病、防敌害，及时驱赶鸟类和青蛙，捕捉水蛇、老鼠、黄鳝等。

5. 捕捞 稻虾连作的稻田由于在插秧整田前要将小龙虾全部捕捞完毕，所以除捕捞已产卵孵化的亲虾外，主要的捕捞时间集中在 4 月中下旬至 5 月中下旬。早期捕捞时，要捕大留小，让一部分小个体继续生长，在后期则要全部捞出。最后到 6 月初中稻插秧整田前，干田捕虾。对于捕捞出的小个体虾，可放入其他水体内寄养，待长大后上市，以提高效益。

捕捞的方法很多，可采用虾笼和地笼网起捕。这 2 种方法不仅起捕率高，而且不伤虾，是目前最常用的方法。每天傍晚将虾笼或地笼网置于虾沟中或田中央，一般每 667 平方米只需 1 条地笼网，如果用虾笼则要放若干个。每天清晨起笼收虾，最后也可排干田水，将虾全部捕获。

稻虾连作的稻田在稻田耕作之前还有许多产卵的亲虾在洞穴中没有出来，虾沟里也会有许多虾没有捕捞干净，这些都可以作为翌年的虾种，但稻田当中的虾很可能在耕作时死亡，所以在耕作之前应尽量把稻田中的虾赶入虾沟中，或者使用降低水位的方法使其离开洞穴，进入虾沟。在种植水稻时，要采用免耕法栽种，使之不破坏小龙虾繁育的生态环境，保证下一个养殖周期有足够的虾种。由于上一年养殖后没有捕完的虾都可以作为翌年的虾种，而且还要经过几个月的增殖，因此翌年的虾种放养量应较上一年少。

稻虾连作的稻田正常投放小龙虾，一般每667平方米可产虾150～200千克。对于中稻收割后投放亲虾的稻田，由于养殖季节的推迟，一般只可产虾100～150千克。

（二）稻虾共生模式

稻虾共生模式也称为稻虾混养模式，是在种植水稻的同时，在稻田中养殖小龙虾。稻田养虾实际上是从稻田养鱼的基础上衍生而来，小龙虾比鱼类更能适应浅水环境，对水质和饵料的要求不高，稻田中动、植物的腐殖质、杂草，甚至害虫都是其可利用的良好饵料，稻田养虾实际上也是一种生态养殖模式。

1. 生产准备

（1）消毒　小龙虾的生活环境要求水质优良，溶解氧丰富，淤泥不能过多，一般在10厘米左右，所以在冬季或春初，养殖小龙虾的稻田要曝晒数日，减少淤泥，然后在5月上旬进行消毒。消毒时，先往稻田内灌水10～20厘米，然后按200毫克/升浓度的用量，将生石灰化水后趁热向稻田、环形沟、田间沟中泼洒。也可参考池塘养虾选择其他药物消毒。

（2）整田、施肥　养虾稻田在消毒后马上进行稻田的耕整。整田可用人工的方法，也可用机械的方法。稻田整好后，每667平方米田中施入农家肥500千克作为基肥。种植水稻的地方，还可按水稻的要求，施用氮、磷肥，但不要施用钾肥，可用草木灰代替。

（3）插秧　宜选择生长期较长、茎硬不倒伏、耐肥力强、病虫害少、产量高的水稻品种。在5月中下旬插秧，秧苗要健壮，插秧采用宽行密株方式。

（4）移栽水草　插秧后，可向环形沟内移栽部分沉水类和浮水类水草，如轮叶黑藻、金鱼藻、凤眼莲等，移栽水草的数量以占环形沟面积的30%～50%为宜。

2. 小龙虾的投放 主要有幼虾放养模式和亲虾放养模式，要根据具体情况进行选择。

(1)幼虾放养模式 在5月底或6月初秧苗转青后，可向虾沟内投放幼虾。每667平方米投放体长为2～4厘米规格的幼虾8 000～10 000尾，或者每667平方米投放个体重为3～5克的幼虾80千克左右。放养的幼虾要注意质量，同一块田内放养的规格要尽可能整齐，且要一次放足。

(2)亲虾放养模式 在7月份投放个体重35克以上规格的小龙虾亲虾15～20千克，一直养殖到翌年中稻收割时捕捞上市，注意再次种稻时要采用免耕法种植水稻。

3. 田间管理

(1)投喂、施肥 养虾稻田除在环沟内施基肥外，还应向环形沟和田间沟中投放一些水草、鲜嫩的旱草和腐熟的有机肥。在7～9月份小龙虾的生长旺季还可适当投喂一些螺蚌肉、鱼虾肉、下脚料等。要保持虾沟内有较多的水生植物，数量不足要及时补放。投喂时，要将饵料投放在虾沟内或虾沟边缘，以利于虾的摄食，避免全田投放造成浪费。

稻田水稻施用追肥时，要先适当排浅田水，让小龙虾进入虾沟内后再施肥，使化肥迅速沉积于底层田泥中利于水稻吸收。施肥时要禁用对小龙虾有危害的氨水、碳酸氢铵、钾肥等，可用尿素、过磷酸钙、生物复合肥等。养虾稻田在追施化肥时，一次的用量不能太大，应将平时的施肥量，分作2份，间隔7天左右施用。施肥时不能施到虾沟内，施肥后及时加深田水至正常深度。

(2)水质管理 保持养虾稻田水质清新，发现小龙虾抱住稻秧或大批上岸,应立即加注新水。稻田平时的灌水深度在10～15厘米,由于稻田的水位较低,水位下降较快,必须及时灌水、补水。一般水温在20℃～30℃时,每10～15天换水1次,水温在30℃以上时,每7～10天换水1次。

当大批虾蜕壳时不要换水,不要干扰,以免影响小龙虾的正常蜕壳。

由于稻田水质易偏酸性,为调节水质,应每20天用25毫克/升浓度的生石灰水泼洒1次,使pH值保持在7～8.5。施用生石灰后,最好间隔10天再施药或施肥。如稻田已追施化肥或施用农药,也必须在8～10天后方可泼洒生石灰,以免化肥和农药失效。

对于残留在虾沟内的饵料,要及时捞出,以免败坏水质。

(3)晒田　在养虾期进行晒田时,要及时将小龙虾赶入虾沟内。晒田放水的量以刚露出田面即可,且时间要短,发现虾活动异常,应及时灌水。稻田秧苗返青时晒田要轻晒,稻谷抽穗前的晒田可适当重晒。

(4)施药　小龙虾对许多农药都较敏感,养虾稻田要尽量避免使用农药。如果水稻病害严重,应选用能在短期内分解、基本无残留的高效低毒农药或生物药剂。对于除虫菊酯类、拟除虫菊酯类和有机氯类农药等,都不宜在稻田里使用。

施农药时要详细阅读说明书,注意严格地把握农药安全使用浓度,确保小龙虾的安全。对于无法确定对小龙虾有无毒性的农药,可按施药后水中应有的药物浓度,配成水溶液,放入幼虾10尾左右,4天不死即可在稻田中使用。

施药前,要将稻田里的水慢慢排干,将小龙虾引入虾沟内,同时保留虾沟的水位。应选择晴朗天气,使用喷雾器将药喷于水稻叶面,尽量不喷入虾沟中。施药时间不能在早晨,因早晨叶面上有大量露水易使药液落入水中危及小龙虾。施药时间一般在下午4时以后，由于叶面经过一天的曝晒而缺水严重，施药后正好大量吸收。施药3～4天后可将稻田水位恢复到正常水位。

在施药后，如果发现小龙虾到处乱爬、口吐泡沫或急躁不安，说明虾已中毒，要立即进行急救。一是马上换掉虾沟内的水，二是用20毫克/升浓度的生石灰水全田泼洒。

（5）防敌害　养虾稻田敌害较多，如青蛙、水蛇、肉食性鱼类等，在平时进水时要用网布过滤，以预防鱼害，并要捕捉、驱赶蛙类、鸟类等。

4. 捕捞　放养模式不同，小龙虾各时期的规格也不同，所以捕捞时间也不一致。可在7月中旬开始捕捞，也可在9月份水稻收割后捕捞成虾。要随时观察小龙虾的生长，发现田中有大量大规格虾出现时，即可开始捕捞。捕捞时要实施轮捕轮放，捕大留小。由于小龙虾生长快，养殖中后期密度会越来越大，及时捕捞达到商品规格的虾上市，让未达到规格的小龙虾继续留下养殖，可有效地控制养殖密度，提高产量，增加养殖效益。捕捞要在10月上旬前完成，否则天气转凉后，小龙虾会在稻田内打洞潜伏而无法捕捉。捕捞前要疏通虾沟，慢慢降低水位，当只有虾沟内有水时，可快速放干沟中水，在排水口用网具捕捞，对剩下的虾可用手捕捉。在水稻收割前要捕虾，也可采用放水捕捞方式。

捕虾一般要在早上或傍晚凉爽时进行，气温较高时捕捉会造成小龙虾的大量死亡。对躲藏在虾洞内的虾，可留置到翌年收获。

利用稻虾共生模式养殖小龙虾，一般每667平方米可产虾150～200千克。

第七章　小龙虾的其他养殖方式

除了池塘、稻田可以养殖小龙虾以外，其他许多有水的地方都可用来进行小龙虾的养殖。养殖方式多种多样，各地可根据实际情况选择适宜的养殖方式。

一、大水面增殖

大水面增殖方式主要适合小型浅水湖泊、水草较多的湖泊、沼泽地、湿地、季节性水域以及浅水水库。总的来讲，不适合鱼类养殖的大型水体，都可放养小龙虾进行增殖性粗放粗养。

大水面是小龙虾喜欢的纯天然环境，在大水面中小龙虾主要以摄食天然水草、螺蚌、野生小鱼虾等饵料为主，减少了人工对小龙虾生产的干扰，所以生长的小龙虾个体大、体色光亮、鳃丝洁白、肉质丰满，是无公害的有机食品。

进行粗放粗养的时间可在 7～9 月份，每 667 平方米放养个体重 35 克以上规格的小龙虾亲虾 15～20 千克，雌、雄比为 3∶1，翌年 4 月份开始捕捞，捕大留小。也可在 5 月份幼虾价格较低时每 667 平方米放养 100～160 只/千克规格的幼虾 40～50 千克，在当年 9～10 月份开始捕捞上市。小龙虾的产量则由大水面水草的丰盛程度决定，一般每 667 平方米可产成虾 100～150 千克。

在捕捞时留下部分虾作为种虾，以后再无须放种，可保持稳定的产量。

进行小龙虾的大水面增殖工作主要有以下几方面内容需

要注意。

一是水体内水草的数量一定要多,水草面积要占到水体面积的50%以上,在水草数量不足时要补充水草。

二是不需要投喂,但要适当投放一些非肉食性鱼类以及螺蛳、蚌等,以维持水体的生态平衡。

三是加强日常管理,防盗、防敌害生物。

四是正确处理排灌、生产性取水之间的矛盾。

五是注意水文变化,及时预防旱、涝灾害,以免造成不必要的损失。

二、软壳小龙虾的养殖

小龙虾含肉率不高,全身可食部分不足25%,为了增加小龙虾的可食部分,提高其利用率,20世纪90年代初欧、美一些国家利用小龙虾生长过程中的蜕壳现象,研究生产软壳小龙虾,获得成功,并进行了规模生产。

(一)软壳小龙虾的特点

第一,可使小龙虾的可食部分提高至90%以上。因为小龙虾所蜕掉的壳平均占原体重的54.5%,软壳小龙虾蜕壳后并没有失重的现象,失重率仅为0.08%,可以忽略不计。

第二,整个软壳小龙虾都可以吃,而且加工简单,味道更加鲜美。同时,由于小龙虾将整个身体的外壳全部彻底地蜕掉,包括虾的所有附肢、鳃和胃,因此蜕了壳的软壳小龙虾,非常干净、卫生,外观美丽。

第三,虾黄得以利用。由于软壳小龙虾整体都可以吃,营养丰富的虾黄得到了充分的利用。

(二)软壳小龙虾的生产方式

美国是世界上生产和消费小龙虾最多的国家,它在软壳小龙虾的生产方面已形成非常成熟的技术,包括工厂化软壳小龙虾生产设施和设备的设计与建设,运用生物技术的方法来控制小龙虾的蜕壳速度,利用小龙虾的生物学特性结合加工等技术手段阻止和延缓软壳小龙虾的硬化等,其主要生产方式包括以下 2 种。

1. 利用小龙虾自然蜕壳生产软壳小龙虾 小龙虾蜕壳是生命活动中的一个自然现象,其蜕壳有一定的规律性,与生长阶段、生长季节、水温、营养状况以及环境条件等有关。整个蜕壳周期可分为 5 个阶段,即蜕壳间期、蜕壳前期、蜕壳期、蜕壳后期和软壳期。而且蜕壳前多有先兆,如停食、活动减少、好静等。只要掌握了小龙虾的蜕壳规律,设计出适于它生长和蜕壳的生活环境,就可以进行软壳小龙虾的大规模人工生产。

2. 调控蜕壳素,加速小龙虾的蜕壳 人为地摘去小龙虾体内分泌和释放抑制蜕壳素的器官,加速蜕壳素的分泌和释放,加速小龙虾的蜕壳,促进蜕壳的同步性,还可在饲料中添加虾蜕壳素,以加快蜕壳周期和增强群体蜕壳同步性,这样就可大规模生产软壳小龙虾。

(三)软壳小龙虾的生产技术

1. 投放规格一致的苗种 养殖场生产软壳小龙虾时必须选种,将发育一致、规格相近的苗种投放到一起,否则很难进行工厂化生产。

2. 使用虾蜕壳素 根据放养苗种规格的不同,在放养后的 1～3 周起,在投喂的饵料中添加虾蜕壳素,一般用量为饵料的0.1%～0.15%，用以加快小龙虾的蜕壳周期和保证群体蜕壳的同步性。

3. 营建适宜的生长环境 养殖场生产软壳小龙虾必须保持养殖环境的一致和相对稳定，尤其是同一放养场所不同地点的温度不能相差过大。同一放养场所中水草分布尽量均匀，投喂时饵料投放尽量合理，尽可能使小龙虾在相同的条件下生长发育。

4. 确定捕捞时间 在捕捞前10天左右，每隔1～2天观察1次小龙虾的生长发育情况，摸准上市前最后一次的蜕壳时间来确定何时捕捞。

（四）软壳小龙虾的加工、保存与保鲜

1. 软壳小龙虾的加工 小龙虾蜕壳后，整个身体趋于洁净，只要稍微加工即可食用。食用前，为了安全起见，可用眼科镊子从小龙虾的口器处或眼睛后方插入，将小龙虾的胃和胃中的2块钙石一起取出，再用镊子从小龙虾的肛门外将肠子拉掉，这样整个软壳小龙虾就非常干净，没有任何污物。烹饪的方法可以是红烧，也可在油锅中炸1～2分钟，然后拌上作料食用。如加工成面包虾，长期冷冻保存，可随用随取。为安全和卫生起见，建议软壳小龙虾不要生吃。

2. 软壳小龙虾的保存与保鲜 小龙虾蜕壳后绝大多数是活的，如果不采取措施，软壳小龙虾不久就会变硬。因此，小龙虾蜕壳后应马上收集起来，放在－18℃以下的环境中保存。如果想活鲜保存，可将刚蜕壳的软壳小龙虾放在10℃以下的水中暂养，可保证1周内壳不硬化、虾不死亡。若放在10℃～13℃的水中暂养，35天软壳小龙虾也不死，但虾壳已开始稍硬化。

第八章　小龙虾的暂养与运输

一、小龙虾的暂养

小龙虾的暂养，就是小龙虾的短时间养殖。捕捞的成虾不能及时销售，收购的幼虾不能及时运输，采捕的虾苗不能及时投放，过小的成虾还想增重，有时甚至是为了调节小龙虾出售的淡、旺季，提高经济效益，这些都要求对小龙虾进行暂养。

暂养的时间根据暂养的方式、水温、光照强度、小龙虾密度等确定，少则3～5天，多则月余或数月。

（一）网箱暂养

暂养小龙虾的网箱以聚乙烯网线制作的网箱为好。网箱大小根据暂养小龙虾的数量来确定，一般长8～10米，宽2～3米，高1.2～1.5米，这种规格的网箱比较便于操作。网箱所用的网片要求网眼紧密不易变形，网目大小以虾体钻不出为宜。

网箱上缘内侧的顶部四周，要用线或钉书钉将高15～20厘米的塑料薄膜与网片缝制在一起以防小龙虾外逃。在网箱内应均匀放置占网箱面积20%～30%的水花生，便于小龙虾分散活动和出水呼吸。网箱在水中的深度，以网箱上缘露出水面40厘米左右为宜。

小龙虾的暂养密度，要根据水质、水温、光照强度等决定。一般水温在24℃～28℃、暂养24小时左右，每平方米可暂养

2千克，暂养36小时以上时，每平方米可暂养1千克。最长的暂养时间不得超过1周。各地在暂养时，可根据具体情况进行适当调整。

网箱暂养时投放的小龙虾，规格要一致，暂养的水体面积不能太小，水质要清新，溶解氧量要高。在操作时要小心谨慎，以免搅浑水质、损伤虾体。

暂养时如发现小龙虾过量堆积或活动无力等现象，应立即冲水增氧或及时设法降低暂养箱内虾的密度。水温高于32℃以上时，不宜暂养。

（二）土池暂养

暂养小龙虾的土池与小龙虾养殖池塘条件相同，土池暂养的小龙虾也会部分增加体重。要建造防逃设施，保持进水和排水流畅，要有适量的水生植物。要保持水深在1～1.5米，底质最好是黄色壤土，不能有烂污泥，以防影响成虾体色和肉味品质。此种池塘每667平方米水面可暂养小龙虾300～400千克。

成虾放养后，要多投喂动物性饵料，如煮熟切碎的螺蚌肉、鱼虾肉、动物内脏、下脚料、血粉等，还要增投虾蜕壳素和适量的谷物、水草等，保证小龙虾吃饱、吃好。

要采用池塘养殖小龙虾的方法来加强暂养期的日常管理，包括常加新水调节水质、施用生石灰消毒、清理残饵、防逃防盗、病害防治等，以提高暂养成活率和产量。

此法暂养小龙虾的时间可长达数月之久。

（三）水泥池暂养

利用水泥池暂养小龙虾，容量大、存期长、易管理、易捕捉。暂养小龙虾的水泥池可以是新建的，也可以利用其他水泥池，高约 1.5 米，墙内侧基部四周最好用硬黄泥筑宽 20～30厘米、高 30～40 厘米的土埂。池底要斜放一些竹筒、圆塑料筒、瓦片等，使其与池底有一定的空间。池埂上也要建造防逃设施，池中移植凤眼莲或水花生等水生植物，便于小龙虾栖息。水泥池每 667 平方米水面可暂养小龙虾 600～800 千克。每天按时、定量投喂适量的动物性饵料和其他新鲜饵料。暂养过程中，同样需要常加新水，做好病害防治工作。每隔 15 天左右，每 667 平方米水面用 10 千克生石灰化水后全池泼洒 1 次，可增加钙质，以利于小龙虾的生长发育。

二、小龙虾的运输

（一）运输前的准备

在运输成虾前，要准备好运虾的器具。选用器具应根据运输距离长短来确定，一般可用鱼篓、帆布篓、木桶、铁桶、蒲包、蛇皮袋、尼龙袋等。

另外，在长途运输前，小龙虾要停食暂养 2～3 天，预先排空肠道，促使其提前适应惊扰刺激和高密度运输环境。这样在运输过程中，若是带水运输，可保持水质不被污染，提高运输成活率。

（二）运输方式

1. 干运法 适于运输个体较大的幼虾和成虾，运输时可减少虾与虾之间的挤压、争斗，而且所占体积小，便于搬运，成活率可达 95%以上。运输的器具主要有蛇皮袋、蒲包、竹篓、木桶、木箱、纸箱和泡沫箱等。

装运时，要在容器的底部铺垫一层较为湿润的水草，以防虾体被摩擦损伤，保持虾体的湿润。每个容器所装虾的数量不宜太多，以防虾被压死、闷死。一般幼虾以堆积 3～4 层为宜，成虾以堆积 25～30 厘米高为宜。如果篓或筐较深，可加板分层，板上要打眼，使之能漏水。在使用木桶、木箱、纸箱和泡沫箱等装运时，要在箱的四周和盖上多打几个小孔，以便于交换空气，还要在容器盖上放些水草。运输途中，每隔 3～4 小时，用清洁水喷淋 1 次，以确保虾体具有一定的湿润性。夏季高温运输时，还要注意降温，一般放些冰块效果较好。

泡沫箱运输时，也可先将小龙虾头朝同一方向摆好，用清水冲洗干净，再摆第二层，摆到最上一层后，铺一层塑料编织袋，撒上一层碎冰，每个箱子可放 1～1.5 千克碎冰，盖上盖子封好。正常情况下，在途运输时间控制在 4～6 个小时，如果时间长，就要中途再次开箱加冰，如果中途不能开箱加冰，事先就要多放些冰，以防止冰块融化又遇高温，导致小龙虾大量死亡。

用于投放到水体内养殖的幼虾，则不能用蛇皮袋、蒲包运输，因为对幼虾的损伤太大，投放到水体后死亡率很高。另外，运输时间也不能太长，最多 4～5 小时就要放入水中，运输过程中还要减少阳光的直射。成虾的运输时间最好不超过 24 小时，运输过程中车辆不能停顿。抱卵亲虾一般不宜长途运输，因为离水时间太久，会使幼虾的成活率降低。

在运输的过程中，还要防止风吹、日晒、雨淋。

2. 带水运输法　就是在运输容器中装水运输。可用容器有帆布篓、木桶、水缸、帆布袋和尼龙袋等，也可用活鱼罐车运输。采用带水运输成活率较高，可达 95%左右。

先将水装入容器内，再把小龙虾轻轻地顺着容器壁放入，密度要适宜。10 升容积的木桶或帆布袋可盛水 4～5 升，放小龙虾 6～8 千克。运虾容器口上要覆盖网片，防止虾逃跑。气温较高时运输密度可相对小一些，气温较低时密度可稍大一些。最好在容器内放 1 千克左右的泥鳅，使泥鳅在容器内不断活动，以增加容器水中的溶解氧量，减少虾与虾之间互相斗殴。同时，还要在容器内放入适量凤眼莲、水花生，避免小龙虾因下沉缺氧而导致死亡。高温时，在覆盖的网片上加放一些冰块，这样融化的冰水不断滴入容器内，可使水温保持在较低的温度，提高运输成活率。

运输中，如发现小龙虾在水中不停乱窜，有时浮在水面，不断呼出小气泡，表明容器中的水质已变坏，应立即更换新水，每半小时换水 1 次，连续换水 2～3 次。换水时，最好选择与原虾池中水质相近的水，尽量不要选用泉水、污染的水、井水或温差较大的水。

如果运程超过 1 天，每隔 4～5 小时将小龙虾翻动 1 次，将长时间沉入容器底部的小龙虾翻回上层，防止其缺氧致死。为了确保运输成功，最好在运输 24 小时后，按 2 000 单位/升水的比例在容器中加放青霉素，以防损伤感染。

带水运输还可采用机帆船船舱装运，这种方法运量较大，可将虾与水按 1∶1 比例混合后运输，运输时也要勤换新水和翻动虾体。

3. 尼龙袋充氧法 本方法简单易行，所用尼龙袋为装运鱼苗的尼龙袋。为了避免小龙虾第一螯足刺破尼龙袋，最好装完后再加套一个袋子。

先将小龙虾放入接近 0℃的水中，经 10～15 分钟小龙虾被冻昏后，将其装入尼龙袋中，每袋装 8～10 升清水，使水淹没虾体，并立即充氧封口。若是夏季运输，袋上面要放冰块，确保袋内水温保持在10℃左右，以减少小龙虾的活动量。待到达目的地后，把小龙虾放入清水池中，一般48小时后，运输的小龙虾会慢慢地苏醒过来。

刚脱离母体的幼虾可直接装入氧气袋充氧运输，每袋可装1万尾。要在袋中放入水花生的枝叶让虾攀爬，以免虾堆积袋底导致死亡。

第九章　小龙虾的疾病防治

由于小龙虾养殖起步较晚，国内外研究小龙虾疾病防治的时间不长，对小龙虾疾病的致病因素、发病机制、治疗措施等尚未完全研究透彻，使小龙虾的疾病治疗无法取得十分理想的效果，特别是对病毒性疾病，至今仍不能有效治疗。因此，防治小龙虾病害应立足于“无病先防、有病早治、以防为主、防治结合”的方针。

一、致病因素

小龙虾疾病的发生是由内因和外因共同作用的结果。小龙虾自身体质的好坏，直接关系到疾病发生的频率和程度。体质强健的小龙虾，抗病能力强，即使染上疾病恢复也快，而体质弱的小龙虾，抗病能力就差，很容易患上各种疾病。造成小龙虾患病的外在因素极为复杂，有生物因素也有非生物因素。作为小龙虾养殖者，详细了解导致小龙虾疾病的一切因素，做到防患于未然，十分重要。

（一）过厚的淤泥

在小龙虾养殖水域，如果淤泥过深，则小龙虾患病的可能性极大。其原因如下。

第一，淤泥中的有机物过多，在水温升高时，有机物会腐烂产生大量硫化氢、甲烷等有毒气体和有机酸、氨、氮等有害物质毒害小龙虾。

第二，淤泥中过多的有机物会消耗掉水中大量的溶解氧，不利于小龙虾的生长，影响其身体发育。

第三，淤泥太深，大量细菌和病毒不易被彻底清除，会直接导致小龙虾患病。

第四，过多的淤泥中，会沉积较多的化学和农药残留物，可直接危害小龙虾的发育。

（二）突变的水温

若养殖水域水位太浅，则变化的气温会造成水温的突变，使小龙虾产生应激反应，不能适应变化而患病，严重时甚至导致死亡。

（三）外界带入的病菌

养殖水域在进水时，若注入了污水沟的脏水，就会带入大量的致病菌危害小龙虾。此外，在购入苗种时，如未选种、未消毒，则容易购进伤残虾或带有病菌的患病虾，感染水体内其他健康虾，使其患病。

（四）质量差的饵料

小龙虾喜吃新鲜饵料，如投喂不清洁或腐烂变质的饵料，就会使水质恶化孳生病菌，导致小龙虾发病。

二、疾病预防

由于小龙虾的适应性和抗病能力都很强，因此不容易大规模发生疾病。但小龙虾的生理特性和对生态环境的要求与鱼类不同，所以在疾病防治方面也有许多不同点，虽说疾病不多,但实际生产中能应用的治疗方法也不多,因此小龙虾的疾病防治还应以预防为主。

(一)药物预防

主要是做好清塘消毒、投放苗种时的虾体消毒以及日常的水体消毒。

1. 清塘消毒

(1)生石灰消毒　干法消毒时,池中只留5～6厘米深的残水,然后每667平方米用50～70千克的生石灰化水趁热全池泼洒。生石灰化水时,可在池底挖掘小坑,放入生石灰灌水溶化后向四周泼洒。泼洒完生石灰水后,用竹耙耙动底泥,使生石灰水深入底泥内部杀菌。带水消毒时,按200毫克/升浓度的用量,将生石灰化水趁热全池泼洒。也可将生石灰装入箩筐中,悬于船边水中,待生石灰吸水溶化后,划动小船使其流入水中。生石灰消毒是虾池消毒的首选药物。

(2)漂白粉消毒　按20毫克/升浓度的用量将漂白粉化水全池泼洒。为减少损失,平时贮存时要密封好放在避光干燥处,使用时用陶器或木器盛装,千万不要用金属制品,还要注意不能与生石灰混用。

(3)鱼藤精消毒　用含2.5%鱼藤酮的鱼藤精,按2毫克/升用量加水10～15倍后全池泼洒。

(4)茶饼消毒　按40毫克/升的用量,加少量温水浸泡12小时,然后加10倍清水后全池泼洒。

虾池消毒时,应选择晴天高温时进行,以发挥最大药效。

2. 虾体消毒

(1)食盐消毒　在投放较大规格的幼虾或亲虾时,采用2%～3%食盐水对小龙虾浸泡消毒3～5分钟。

(2)硫酸铜消毒　用 7 毫克/升浓度的硫酸铜溶液浸泡 10～15 分钟。

(3)漂白粉消毒　用 10～15 毫克/升浓度的漂白粉溶液浸泡 10～15 分钟。

浸泡消毒时，一般每立方米水体放体长 2～3 厘米的幼虾 15 000～20 000 只，或亲虾 2 000～2 500 只，密度不能过大。要密切关注小龙虾的活动情况，发现浮头、挣扎等不适症状时，立即放虾入池，特别是在气温较高时，更要慎重。

3. 水体消毒

(1)挂药法　用密眼篾篓装 10～20 克漂白粉挂在池中木桩上，每 667 平方米挂 3～5 个，10 天后取出，每月使用 1 次。

(2)全池泼洒法　每月用 1 毫克/升浓度的漂白粉化水后全池泼洒 1 次。

(3)圈洒法　池塘四周用 1 毫克/升的漂白粉化水后泼洒，每月 1 次。稻田则在环沟内按环沟的体积，用 1 毫克/升的漂白粉化水后泼洒。

进行水体消毒时，要正确计算药物用量，不能随意增减药量。药物要先溶解均匀再全池或全田泼洒。药物的泼洒时间一般在晴天上午 9～10 时，不能连续使用超过 3 天，如还要用其他药物治疗疾病，最好 10 天以后再用。若虾池中发现白天有许多小龙虾在池边活动，则要停止用药，并加注新水。

(二)非药物预防

小龙虾对渔药的忍耐性较差，特别是有些渔药还会有残留。我们所生产的小龙虾产品，一部分直接上了餐桌，一部分加工后出口到国外，所以从健康养殖的角度出发，要尽量减少药物的使用，特别是小龙虾即将上市的前期。非药物预防，就是生态预防，这对小龙虾的无公害生产显得尤为重要。

1. 改善栖息环境 主要是清除池底过厚的淤泥，有计划地曝晒池底至干裂。勤换水，移栽水生植物，安装增氧机等。

2. 适当稀放苗种 视水质情况、水源供应情况、以前疾病发生情况，适当稀放苗种，以提高个体重量。

3. 利用有益的生物及生物改良剂改良水质 现在的生物改良菌有很多，一般对虾类不会产生危害，可以视情况有选择地使用，光合细菌水剂的投放量一般为5毫克/升。另外，也可适当投放些花鲢、白鲢鱼苗调节水质。

三、疾病的治疗

（一）疾病的诊断

小龙虾发病后，要控制病情的加重，就必须及时找出病因对症下药。较为精确的诊断方法是采用显微镜检查、病理分析、水质检验等。在一般的养殖生产中，可进行现场观察和体表检查，大致判断病因。

若小龙虾身体明显偏瘦、体色变黑、活动缓慢、有时烦躁不安，可能是感染了寄生虫或水体内含有有害物质；若虾体发黑、肛门红肿突出，可能是患有肠炎；若腹部、附足腐烂，可能患有烂肢病；若体色发黑，头胸甲后缘与腹部交界处出现裂缝，则为蜕壳不遂。

（二）常见疾病的防治

1. 软壳病

【病因】 是一种常见多发病，主要因体内缺钙所致。此外，光照不足、pH 值长期偏低、池底淤泥过厚、虾苗密度过大、长期投喂单一饵料也可导致本病发生。

【症状】 表现为壳体软薄，体色不红，活动能力差，觅食不旺，生长缓慢，打洞能力差。

【预防】 ①冬季清淤。②放苗前要用生石灰清塘消毒，以后每 20 天左右用 25 毫克/升的生石灰化水泼洒 1 次。③有效控制投放密度。④池内水草面积不能超过池面积的 20%。⑤饵料投喂要多样化，增加骨粉投喂量。

【治疗】 ①20 毫克/升生石灰化水后全池泼洒。②用鱼骨粉拌新鲜豆渣或其他饵料投喂，每日 1 次，连用 7～10 天以上。以上 2 种方法同时使用，一般 7～10 天小龙虾可以恢复正常。

2. 烂壳病

【病因】 由于几丁质分解，由假单胞菌、气单胞菌、黏细菌、弧菌或黄杆菌感染所致。

【症状】 病虾体壳上、螯壳上有明显的溃烂斑点，斑点呈灰白色，严重溃烂时呈黑褐色，斑点下陷，出现空洞，最后导致病虾内部感染，甚至死亡。

【预防】 ①运输、投放苗种时操作要细致，伤残苗种不能投放，苗种下塘前要消毒，可用 3%食盐水浸泡 10 分钟，或每立方米水体用 320 万单位青霉素浸泡 15 分钟。②平时操作要慎重，尽量避免损伤虾体。③经常换水，保持池水清洁。④投食要充足，防止小龙虾相互残杀受伤。⑤每 15～20 天用 25 毫克/升的生石灰化水全池泼洒 1 次。

【治疗】 ①用 25 毫克/升的生石灰化水全池泼洒 1 次，3 天后每立方米水体用 20 克生石灰化水再全池泼洒 1 次。②用 15～20 毫克/升的茶饼浸泡后全池泼洒 1 次。③以每千克饵料拌磺胺甲基嘧啶 3 克投喂，每天 2 次，连用 7 天后停药 3 天，再投喂 3 天。

3. 黑 鳃 病

【病因】 为虾鳃受真菌感染所致。

【症状】 鳃部由肉色变为褐色或深褐色，直至变黑，鳃组织萎缩坏死。患病的幼虾活动无力，多数在池底缓慢爬行，停食。患病的成虾常浮出水面或依附水草露身水外，不进入洞穴，行动迟缓，最后因呼吸困难而死。

【预防】 ①经常更换池水，及时清除残饵和池内腐败物。②用 25 毫克/升的生石灰水，定期对池水进行消毒。③经常投喂青绿饵料。④在成虾养殖中后期，可在池内有意放养些蟾蜍。

【治疗】 ①1 毫克/升漂白粉溶液全池泼洒，每日 1 次，连用 2～3 天。②按每千克饵料拌土霉素 1 克投喂，每日 1 次，连喂 3 天。③10 毫克/升亚甲蓝溶液全池泼洒 1 次。④0.1 毫克/升强氯精溶液全池泼洒 1 次。⑤把病虾放在 3%～5%浓度的食盐水中浸泡 2～3 次，每次 3～5 分钟。

4. 纤毛虫病(累枝虫病)

【病因】 由纤毛虫寄生所致，主要的寄生种类包括聚宿虫、单宿虫、累枝虫和钟形虫等。

【症状】 体表、附足、鳃上附着污物，虾体表面覆盖一层白色絮状物，致使小龙虾活动力减弱，食欲减退。本病对幼虾危害较严重，成虾多在低温时被感染。

【预防】 ①经常更换池水，保持池水清新。②清除池内漂浮物或沉积的渣草。③冬季搞好清淤。④每月用 0.6 毫克/升敌百虫溶液全池泼洒 1 次。

【治疗】 ①用 3%～5%食盐水浸洗小龙虾体表，3～5 天为 1 个疗程。②用 0.3 毫克/升的四烷基季铵盐络合碘溶液(季铵盐含量为 50%)全池泼洒。③取菖蒲草若干小捆,浸泡于池水中,2～3 天后捞起。

5. 螯虾瘟疫病

【病因】 由真菌引起。

【症状】 病虾的体表有黄色或褐色的斑点,在附足和眼柄的基部可发现真菌的丝状体,病原体侵入虾体内,损害中枢神经系统,影响运动功能。病虾呆滞,活动性减弱或活动不正常,严重时可造成病虾大量死亡。

【预防】 ①保持水体清新,维持正常的水色和透明度。②适当控制放养密度。③冬季要清淤。④平时要注意消毒。

【治疗】 本病目前还没有十分有效的治疗方法,可试用以下方法。①用 3%～5%食盐水浸泡病虾 2～3 次,每次 5 分钟左右。②用 0.1 毫克/升强氯精溶液全池泼洒。③用 10 毫克/升亚甲蓝溶液全池泼洒。④每千克饵料拌 1 克土霉素投喂,连喂 3 天。⑤用 1 毫克/升漂白粉溶液全池泼洒,每日 1 次,连用 2～3 天。

6. 烂 尾 病

【病因】 由于小龙虾受伤、相互残食或被几丁质分解细菌感染所引起。

【症状】 感染初期病虾尾部有水疱,边缘溃烂、坏死或残缺不全,随着病情的恶化,溃烂由边缘向中间发展,严重感染时,病虾整个尾部溃烂掉落。

【预防】 ①运输和投放虾苗虾种时,不要堆压和损伤虾体。②养殖期间饵料要投足、投匀,防止虾因饵料不足相互争食或残杀。

【治疗】 ①用 15～20 毫克/升茶饼浸液全池泼洒。②每

667 平方米水面用生石灰 5～6 千克化水后全池泼洒。

7. 出 血 病

【病因】 由产气单胞菌引起。

【症状】 病虾体表布满了大小不一的出血斑点，特别是附足和腹部较为明显，肛门红肿，不久就会死亡。

【预防】 ①保持水体清新，维持正常的水色和透明度。②冬季要清淤。③平时要注意消毒。

【治疗】 ①若发现病虾要及时隔离，并进行池水消毒，每 667 平方米水面、每米水深用生石灰 25～30 千克化水全池泼洒。②每 667 平方米水面用 750 克烟叶用温水浸泡 5～8 小时后全池泼洒，同时每千克饵料中添加盐酸环丙沙星原料药 1.25～1.5 克投喂，连喂 5 天。

8. 水 霉 病

【病因】 由水霉菌感染所致。

【症状】 病虾体表附生一种灰白色、棉絮状菌丝，患病的虾一般很少活动，不觅食，不进入洞穴。

【预防】 ①当水温上升至 15℃以上时，每 15 天用 25 毫克/升的生石灰水全池泼洒。②割去生长过旺的水草，增加日照量。③杜绝伤残虾苗入池，长了水霉的死鱼绝对不能用作饵料投喂。

【治疗】 ①每立方米水体用食盐 40 克、小苏打 35 克配成合剂全池泼洒，每日 1 次，连用 2 天，如效果不明显，换水后再用药 1～2 天。②用 0.3 毫克/升的二氧化氯全池泼洒 1～2 次，第一次用药与第二次用药应间隔 36 小时。③用 1 毫克/升的漂白粉溶液全池泼洒，每日 1 次，连用 3 天。

9. 蜕壳不遂

【病因】 其生长的水体缺乏某种元素。

【症状】 病虾在其头胸部与腹部交界处出现裂痕，全身发黑。

【预防】 ①每15～20天用25毫克/升的生石灰水全池泼洒1次。②每月用过磷酸钙全池泼洒。

【治疗】 ①采用0.1%～0.2%的虾蜕壳素拌入饵料中投喂。②提高饵料中骨粉、蛋壳粉和鱼粉等的含量，增加钙质。

四、灾害防范

小龙虾养殖过程中的灾害，包括各种生物和非生物因素对小龙虾的危害，也包括小龙虾对部分生物危害和对环境的破坏。加强对各种灾害的防范，就可以使我们在养殖小龙虾的过程中，减少各种损失，提高效益。

（一）中　毒

小龙虾中毒，主要由化肥施用过量，农药、渔药施用过量以及水体中有害物质过量造成。

化肥中毒时，小龙虾情绪暴躁，狂烈倒游或在水面跳跃，严重时可导致死亡。处理方法是立即换水。

化学农药中毒时，小龙虾口吐泡沫，竭力上爬呈麻醉状态，严重时立即死亡。处理方法：如果是菊酯类农药，则无法挽救；其他农药除立即换水外，要根据药物的酸碱性，采用25毫克/升生石灰水或5毫克/升食醋分别泼洒水体进行中和。

化学渔药中毒时，小龙虾停食，白天不进入洞穴，静卧，活动迟缓无力。处理方法同农药中毒处理方法，但对敌百虫引起的中毒，切勿使用生石灰。

水体中有害物质过量时，小龙虾停食，上爬，静卧，反应迟钝。处理方法：应立即更换池水，同时迅速清除池内残饵和腐败物。也可以施用25毫克/升生石灰水净化水质，增强水体中的溶解氧量，促进水体中的悬浮物下沉，加速各种沉积物的分解。

（二）鱼　害

几乎所有杂食性鱼类，特别是乌鳢、鳜鱼、鲶鱼、鲈鱼都是小龙虾的敌害，如虾池中发现有此类鱼活动，要及时捕捞。虾池进水时，进水口要设置拦网防止小害鱼及其鱼卵进入池内。

（三）鸟　害

鹭类和鸥类水鸟是对小龙虾危害较大的敌害，由于其多数是自然保护对象，不能捕捉，可用放鞭炮、用高音喇叭播放同种鸟类哀叫声音的方法来驱赶。

（四）其他敌害

水蛇、青蛙、老鼠等都是小龙虾的敌害，在积极预防的同时还要进行驱赶和捕杀。

（五）小龙虾对养殖生产危害的防范

小龙虾喜欢穴居，它前端的螯足打洞速度很快，范围也较广。它们经常在江、河、水库的岸边打洞，因此对于堤坝的危害较大，对土壤结构和水利设施造成了严重威胁。小龙虾在塘埂和田埂掏泥打洞，损坏了农田土壤结构，致使水肥流失。

此外，小龙虾对我国的中华绒螯蟹和青虾有着致命的杀伤作用。小龙虾性喜斗，螯足尖锐有力，蜕壳中的蟹，抵抗力较差，常在与小龙虾搏斗时造成断肢，增加蜕壳的困难甚至被小龙虾杀死。小龙虾与青虾处于同一水体时，在与青虾争夺食物中占据优势，还常以青虾作为食物。

因此，我们在养殖小龙虾时，一方面要高产高效，另一方面要从生态和保护本地物种上考虑，加强对小龙虾的管理。

已经养殖小龙虾的地区，要严格控制养殖的范围和水域，实施经常性跟踪调查研究与评估，不在水库等具防洪作用的水域内投放虾种。在河堤和水库坝下的池塘、稻田等水体中养殖时，要从堤角、坝角处开始用网片架设防逃网，减少小龙虾对堤坝的破坏。不在养殖中华绒螯蟹和青虾的水体内放养小龙虾。

附录一　无公害食品　淡水养殖用水水质(NY 5051—2001)

1. 范围

本标准规定了淡水养殖用水水质要求、测定方法、检验规则和结果判定。

本标准适用于淡水养殖用水。

2. 规范性引用文件

下列文件中的条款通过本标准的引用而成为本标准的条款。凡是注日期的引用文件,其随后所有的修改单(不包括勘误的内容)或修订版均不适用于本标准,然而,鼓励根据本标准达成协议的各方研究是否可使用这些文件的最新版本。凡是不注日期的引用文件,其最新版本适用于本标准。

GB/T 5750 生活饮用水标准检验法

GB/T 7466 水质 总铬的测定

GB/T 7468 水质 总汞的测定 冷原子吸收分光光度法

GB/T 7469 水质 总汞的测定 高锰酸钾-过硫酸钾消解法 双硫腙分光光度法

GB/T 7470 水质 铅的测定 双硫腙分光光度法

GB/T 7471 水质 镉的测定 双硫腙分光光度法

GB/T 7472 水质 锌的测定 双硫腙分光光度法

GB/T 7473 水质 铜的测定 2,9-二甲基-1,10-菲罗啉分光光度法

GB/T 7474 水质 铜的测定 二乙基二硫代氨基甲酸钠分光光度法

GB/T 7475 水质 铜、锌、铅、镉的测定 原子吸收分光光度法

GB/T 7482 水质 氟化物的测定 茜素磺酸锆目视比色法

GB/T 7483 水质 氟化物的测定 氟试剂分光光度法

GB/T 7484 水质 氟化物的测定 离子选择电极法

GB/T 7485 水质 总砷的测定 二乙基二硫代氨基甲酸银分光光度法

GB/T 7490 水质 挥发酚的测定 蒸馏后 4-氨基安替比林分光光度法

GB/T 7491 水质 挥发酚的测定 蒸馏后溴化容量法

GB/T 7492 水质 六六六、滴滴涕的测定 气相色谱法

GB/T 8538 饮用天然矿泉水检验方法

GB 11607 渔业水质标准

GB/T 12997 水质 采样方案设计技术规定

GB/T 12998 水质 采样技术指导

GB/T 12999 水质采样 样品的保存和管理技术规定

GB/T 13192 水质 有机磷农药的测定 气相色谱法

GB/T 16488 水质 石油类和动植物油的测定 红外光度法

水和废水监测分析方法

3. 要求

3.1 淡水养殖水源应符合 GB 11607 规定。

3.2 淡水养殖用水水质应符合表 1 要求。

表 1　淡水养殖用水水质要求

序　号	项　目	标准值
1	色、臭、味	不得使养殖水体带有异色、异臭、异味
2	总大肠菌群，个/L	≤5000
3	汞，mg/L	≤0.0005
4	镉，mg/L	≤0.005
5	铅，mg/L	≤0.05
6	铬，mg/L	≤0.1
7	铜，mg/L	≤0.01
8	锌，mg/L	≤0.1
9	砷，mg/L	≤0.05
10	氟化物，mg/L	≤1
11	石油类，mg/L	≤0.05
12	挥发性酚，mg/L	≤0.005
13	甲基对硫磷，mg/L	≤0.0005
14	马拉硫磷，mg/L	≤0.005
15	乐果，mg/L	≤0.1
16	六六六（丙体），mg/L	≤0.002
17	DDT，mg/L	≤0.001

4．测定方法

淡水养殖用水水质测定方法见表 2。

表 2　淡水养殖用水水质测定方法

序　号	项　目	测定方法		测试方法标准编号	检测下限(mg/L)
1	色、臭、味	感官法		GB/T 5750	—
2	总大肠菌群	(1)多管发酵法		GB/T 5750	—
		(2)滤膜法			
3	汞	(1)原子荧光光度法		GB/T 8538	0.00005
		(2)冷原子吸收分光光度法		GB/T 7468	0.00005
		(3)高锰酸钾-过硫酸钾消解　双硫腙分光光度法		GB/T 7469	0.002
4	镉	(1)原子吸收分光光度法		GB/T 7475	0.001
		(2)双硫腙分光光度法		GB/T 7471	0.001
5	铅	(1)原子吸收分光光度法	螯合萃取法	GB/T 7475	0.01
			直接法		0.2
		(2)双硫腙分光光度法		GB/T 7470	0.01
6	铬	二苯碳二肼分光光度法(高锰酸盐氧化法)		GB/T 7466	0.004
7	砷	(1)原子荧光光度法		GB/T 8538	0.0004
		(2)二乙基二硫代氨基甲酸银分光光度法		GB/T 7468	0.007

续表 2

序　号	项　目	测定方法		测试方法 标准编号	检测下限 (mg/L)
8	铜	(1)原子吸收分光光度法	螯合萃取法	GB/T 7475	0.001
			直接法		0.05
		(2)二乙基二硫代氨基甲酸钠分光光度法		GB/T 7470	0.010
		(3)2,9-二甲基-1,10-菲啰啉分光光度法		GB/T 7473	0.06
9	锌	(1)原子吸收分光光度法		GB/T 7475	0.05
		(2)双硫腙分光光度法		GB/T 7472	0.005
10	氧化物	(1)茜素磺酸锆目视比色法		GB/T 7483	0.05
		(2)氟试剂分光光度法		GB/T 7484	0.05
		(3)离子选择电极法		GB/T 7482	0.05
11	石油类	(1)红外分光光度法		GB/T 16488	0.01
		(2))非分散红外光度法			0.02
		(3)紫外分光光度法		《水和废水监测分析方法》(国家环保局)	0.05
12	挥发酚	(1)蒸馏后4-氨基安替比林分光光度法		GB/T 7490	0.002
		(2)蒸馏后溴化容量法		GB/T 7491	—
13	甲基对硫磷	气相色谱法		GB/T 13192	0.00042
14	马拉硫磷	气相色谱法		GB/T 13192	0.00064

续表 2

序　号	项　目	测定方法	测试方法标准编号	检测下限(mg/L)
15	乐　果	气相色谱法	GB/T 13192	0.00057
16	六六六	气相色谱法	GB/T 7492	0.00004
17	DDT	气相色谱法	GB/T 7492	0.0002

注:对同一项目有两个或两个以上测定方法的,当对测定结果有异议时,方法(1)为仲裁测定执行

5. 检验规则

检测样品的采集、贮存、运输和处理按 GB/T 12997、GB/T 12998 和 GB/T 12999 的规定执行。

6. 结果判定

本标准采用单项判定法,所列指标单项超标,判定为不合格。

附录二　无公害食品　渔用药物使用准则(NY 5071—2002)

1. 范围

本标准规定了渔用药物使用的基本原则、渔用药物的使用方法以及禁用渔药。

本标准适用于水产增养殖中的健康管理及病害控制过程中的渔药使用。

2. 规范性引用文件

下列文件中的条款通过本标准的引用而成为本标准的条款。凡是注日期的引用文件,其随后所有的修改单(不包括勘误的内容)或修订版均不适用于本标准,然而,鼓励根据本标准达成协议的各方研究是否可使用这些文件的最新版本。凡是不注日期的引用文件,其最新版本适用于本标准。

NY 5070 无公害食品　水产品中渔药残留限量

NY 5072 无公害食品　渔用配合饲料安全限量

3. 术语和定义

下列术语和定义适用于本标准。

3.1

渔用药物 fishery drugs

用以预防、控制和治疗水产动植物的病、虫害,促进养殖品种健康生长,增强机体抗病能力以及改善养殖水体质量的一切物质,简称“渔药”。

3.2

生物源渔药 biogenic fishery medicines

直接利用生物活体或生物代谢过程中产生的具有生物活性的物质或从生物体提取的物质作为防治水产动物病害的渔药。

3.3

渔用生物制品 fishery biopreparate

应用天然或人工改造的微生物、寄生虫、生物毒素或生物组织及其代谢产物为原材料，采用生物学、分子生物学或生物化学等相关技术制成的、用于预防、诊断和治疗水产动物传染病和其他有关疾病的生物制剂。它的效价或安全性应采用生物学方法检定并有严格的可靠性。

3.4

休药期 withdrawal time

最后停止给药日至水产品作为食品上市出售的最短时间。

4. 渔用药物使用基本原则

4.1 渔用药物的使用应以不危害人类健康和不破坏水域生态环境为基本原则。

4.2 水生动植物增养殖过程中对病虫害的防治，坚持“以防为主，防治结合”。

4.3 渔药的使用应严格遵循国家和有关部门的有关规定，严禁生产、销售和使用未经取得生产许可证、批准文号与没有生产执行标准的渔药。

4.4 积极鼓励研制、生产和使用“三效”(高效、速效、长效)、“三小”(毒性小、副作用小、用量小)的渔药，提倡使用水产专用渔药、生物源渔药和渔用生物制品。

4.5 病害发生时应对症用药，防止滥用渔药与盲目增大用药量或增加用药次数、延长用药时间。

4.6 食用鱼上市前，应有相应的休药期。休药期的长短，应确保上市水产品的药物残留限量符合 NY 5070 要求。

4.7 水产饲料中药物的添加应符合 NY 5072 要求，不得选用国家规定禁止使用的药物或添加剂，也不得在饲料中长期添加抗菌药物。

5. 渔用药物使用方法

各类渔用药物的使用方法见表1。

表1 渔用药物使用方法

渔药名称	用　途	用法与用量	休药期/d	注意事项
氧化钙（生石灰）calcii oxydum	用于改善池塘环境，清除敌害生物及预防部分细菌性鱼病	带水清塘：200mg/L～250mg/L（虾类：350mg/L～400mg/L） 全池泼洒：20mg/L～25mg/L（虾类：15mg/L～30mg/L）		不能与漂白粉、有机氯、重金属盐、有机络合物混用。
漂白粉 bleaching powder	用于清塘、改善池塘环境及防治细菌性皮肤病、烂鳃病、出血病	带水清塘：200mg/L 全池泼洒：1.0mg/L～1.5mg/L	≥5	1. 勿用金属容器盛装。 2. 勿与酸、铵盐、生石灰混用。
二氯异氰尿酸钠 sodium dichloroiso-cyanurate	用于清塘及防治细菌性皮肤溃疡病、烂鳃病、出血病	全池泼洒：0.3mg/L～0.6mg/L	≥10	勿用金属容器盛装。
三氯异氰尿酸 trichloroiso-cyanuricacid	用于清塘及防治细菌性皮肤溃疡病、烂鳃病、出血病	全池泼洒：0.2mg/L～0.5mg/L	≥10	1. 勿用金属容器盛装。 2. 针对不同的鱼类和水体的 pH，使用量应适当增减。

续表 1

渔药名称	用　途	用法与用量	休药期/d	注意事项
二氧化氯 chlorine dioxide	用于防治细菌性皮肤病、烂鳃病、出血病	浸浴：20mg/L～40mg/L，5min～10min 全池泼洒：0.1mg/L～0.2mg/L，严重时 0.3mg/L～0.6mg/L	≥10	1. 勿用金属容器盛装。 2. 勿与其他消毒剂混用。
二溴海因	用于防治细菌性和病毒性疾病	全池泼洒：0.2mg/L～0.3mg/L		
氯化钠（食盐）sodium chioride	用于防治细菌、真菌或寄生虫疾病	浸浴：1%～3%，5min～20min		
硫酸铜（蓝矾、胆矾、石胆）copper sulfate	用于治疗纤毛虫、鞭毛虫等寄生性原虫病	浸浴：8mg/L（海水鱼类：8mg/L～10mg/L），15min～30min 全池泼洒：0.5mg/L～0.7mg/L（海水鱼类：0.7mg/L～1.0mg/L）		1. 常与硫酸亚铁合用。 2. 广东鲂慎用。 3. 勿用金属容器盛装。 4. 使用后注意池塘增氧。 5. 不宜用于治疗小瓜虫病。
硫酸亚铁（硫酸低铁、绿矾、青矾）ferrous sulphate	用于治疗纤毛虫、鞭毛虫等寄生性原虫病	全池泼洒：0.2mg/L（与硫酸铜合用）		1. 治疗寄生性原虫病时需与硫酸铜合用。 2. 乌鳢慎用。

续表 1

渔药名称	用　途	用法与用量	休药期/d	注意事项
高锰酸钾（锰酸钾、灰锰氧、锰强灰）potassium permanganate	用于杀灭锚头鳋	浸浴：10mg/L～20mg/L，15min～30min 全池泼洒：4mg/L～7mg/L		1. 水中有机物含量高时药效降低。 2. 不宜在强烈阳光下使用。
四烷基季铵盐络合碘（季铵盐含量为50%）	对病毒、细菌、纤毛虫、藻类有杀灭作用	全池泼洒：0.3mg/L（虾类相同）		1. 勿与碱性物质同时使用。 2. 勿与阴性离子表面活性剂使混用。 3. 使用后注意池塘增氧。 4. 勿用金属容器盛装。
大蒜 crown's treacle, garlic	用于防治细菌性肠炎	拌饵投喂：10g/kg体重～30g/kg体重，连用4d～6d（海水鱼类相同）		
大蒜素粉（含大蒜素10%）	用于防治细菌性肠炎	0.2g/kg体重，连用4d～6d（海水鱼类相同）		
大黄 medicinal rhubarb	用于防治细菌性肠炎	全池泼洒：2.5mg/L～4.0mg/L（海水鱼类相同） 拌饵投喂：5g/kg体重～10g/kg体重，连用4d～6d（海水鱼类相同）		投喂时常与黄芩、黄柏合用（三者比例为2∶5∶3）。

续表 1

渔药名称	用　途	用法与用量	休药期/d	注意事项
黄芩 raikai skullcap	用于防治细菌性肠炎、烂鳃、赤皮、出血病	拌饵投喂：2g/kg 体重～4g/kg 体重，连用 4d～6d(海水鱼类相同)		投喂时需与大黄、黄柏合用(三者比例为 3∶5∶3)。
黄柏 amurcorktree	用于防治细菌性肠炎、出血、	拌饵投喂：3g/kg 体重～6g/kg 体重，连用 4d～6d(海水鱼类相同)		投喂时需与大黄、黄芩合用(三者比例为 3∶5∶2)。
五倍子 chinese sumac	用于防治细菌性烂鳃、赤皮、白皮、疖疮	全池泼洒：2mg/L～4mg/L(海水鱼类相同)		
穿心莲 common andrographis	用于防治细菌性肠炎、烂鳃、赤皮	全池泼洒：15mg～20mg/L 拌饵投喂：10g/kg 体重～20g/kg 体重，连用4d～6d		
苦参 lightyellow sophora	用于防治细菌性肠炎，竖鳞	全池泼洒：1.0mg/L～1.5mg/L 拌饵投喂：1g/kg 体重～2g/kg 体重，连用 4d～6d		
土霉素 oxytetracycline	用于治疗肠炎病、弧菌病	拌饵投喂：50mg/kg 体重～80mg/kg 体重，连用 4d～6d(海水鱼类相同，虾类：50mg/kg 体重～80mg/kg 体重，连用 5d～10d)	≥30(鳗鲡) ≥21(鲶鱼)	勿与铝、镁离子及卤素、碳酸氢钠、凝胶合用。

续表 1

渔药名称	用　途	用法与用量	休药期/d	注意事项
噁喹酸 oxolinic acid	用于治疗细菌性肠炎病、赤鳍病，香鱼、对虾弧菌病，鲈鱼结节病，鲱鱼疖疮病	拌饵投喂：10mg/kg体重～30mg/kg体重，连用5d～7d（海水鱼类：1mg/kg体重～20mg/kg体重；对虾：6mg/kg体重～60mg/kg体重，连用5d）	≥25（鳗鲡） ≥21（鲤鱼香鱼） ≥16（其他鱼类）	用药量视不同的疾病有所增减。
磺胺嘧啶 （磺胺哒嗪） sulfadiazine	用于治疗鲤科鱼类的赤皮病、肠炎病，海水鱼链球菌病	拌饵投喂：100mg/kg体重，连用5d(海水鱼类相同)		1. 与甲氧苄氨嘧啶（TMP）同用，可产生增效作用。 2. 第一天药量加倍。
磺胺甲噁唑 （新诺明、新明磺） sulfamethoxazole	用于治疗鲤科鱼类的肠炎病	拌饵投喂：100mg/kg体重，连用5d～7d	≥30	1. 不能与酸性药物同用。 2. 与甲氧苄氨嘧啶(TMP)同用，可产生增效作用。 3. 第一天药量加倍。
氟苯尼考 florfenicol	用于治疗鳗鲡爱德华氏病、赤鳍病	拌饵投喂：10.0mg/kg体重，连用4d～6d	≥7（鳗鲡）	

续表 1

渔药名称	用　途	用法与用量	休药期/d	注意事项
聚维酮碘(聚乙烯吡咯烷酮碘、皮维碘、PVP-1、伏碘)(有效碘1.0%) povidone-iodine	用于防治细菌性烂鳃病、弧菌病、鳗鲡红头病。并可用于预防病毒病:如草鱼出血病、传染性胰腺坏死病、传染性造血组织坏死病、病毒性出血败血症	全池泼洒:海、淡水幼鱼、幼虾:0.2mg/L～0.5mg/L;海、淡水成鱼、成虾:1mg/L～2mg/L 浸浴:草鱼种:30mg/L,15min～20min;鱼卵:30mg/L～50mg/L(海水鱼卵:25mg/L～30mg/L),5min～15min	鳗鲡:2mg/L～4mg/L	1. 勿与金属物品接触。 2. 勿与季铵盐类消毒剂直接混合使用。
磺胺间甲氧嘧啶(制菌磺、磺胺-6-甲氧嘧啶) sulfamonomethoxine	用于治疗鲤科鱼类的竖鳞病、赤皮病及弧菌病	拌饵投喂:50mg/kg体重～100mg/kg体重,连用4d～6d	≥37(鳗鲡)	1. 与甲氧苄氨嘧啶(TMP)同用,可产生增效作用。 2. 第一天药量加倍。

注1:用法与用量栏未标明海水鱼类与虾类的均适用于淡水鱼类

注2:休药期为强制性

6. 禁用渔药

严禁使用高毒、高残留或具有三致毒性(致癌、致畸、致突变)的渔药。严禁使用对水域环境有严重破坏而又难以修复的渔药,严禁直接向养殖水域泼洒抗菌素,严禁将新近开发的人用新药作为渔药的主要或次要成分。

禁用渔药见表2。

表 2 禁用渔药

药物名称	化学名称(组成)	别 名
地虫硫磷 fonofos	O-2 基-S 苯基二硫代磷酸乙酯	大风雷
六六六 BHC(HCH) benzem, bexachloridge	1,2,3,4,5,6-六氯环己烷	
林丹 lindane, gammax-are, gamma-BHC-gamma-HCH	γ-1,2,3,4,5,6-六氯环己烷	丙体六六六
毒杀芬 camphechlor(ISO)	八氯莰烯	氯化莰烯
滴滴涕 DDT	2,2-双(对氯苯基)-1,1,1-三氯乙烷	
甘汞 calomel	二氯化汞	
硝酸亚汞 mercurous nitrate	硝酸亚汞	
醋酸汞 mercuric acetate	醋酸汞	
呋喃丹 carbofuran	2,3-二氢-2,2-二甲基-7-苯并呋喃基-甲基氨基甲酸酯	克百威、大扶农
杀虫脒 chlordimeform	N-(2-甲基-4-氯苯基)N′,N′-二甲基甲脒盐酸盐	克死螨
双甲脒 anitraz	1,5-双-(2,4-二甲基苯基)-3-甲基-1,3,5-三氮戊二烯-1,4	二甲苯胺脒
氟氯氰菊酯 cyfluthrin	α-氰基-3-苯氧基-4-氟苄基(1R,3R)-3-(2,2-二氯乙烯基)-2,2-二甲基环丙烷羧酸酯	百树菊酯,百树得

续表 2

药物名称	化学名称(组成)	别　名
氟氰戊菊酯 flucythrinate	(R,S)-α-氰基-3-苯氧苄基-(R,S)-2-(4-二氟甲氧基)-3-甲基丁酸酯	保好江乌,氟氰菊酯
五氯酚钠 PCP-Na	五氯酚钠	
孔雀石绿 malachite green	$C_{23}H_{25}ClN_2$	碱性绿,盐基块绿,孔雀绿
锥虫胂胺 tryparsamide		
酒石酸锑钾 antimonyl potassium tartrate	酒石酸锑钾	
磺胺噻唑 sulfathiazolum ST, norsultazo	2-(对氨基苯磺酰胺)-噻唑	消治龙
磺胺脒 sulfaguanidine	N1-脒基磺胺	磺胺胍
呋喃西林 furacillinum, nitrofurazone	5-硝基呋喃醛缩氨基脲	呋喃新
呋喃唑酮 furazolidonum, nifulidone	3-(5-硝基糠叉胺基)-2-噁唑烷酮	痢特灵
呋喃那斯 furanace, nifurpirinol	6-羟甲基-2-[-(5-硝基-2-呋喃基乙烯基)]吡啶	P-7138 (实验名)

续表 2

药物名称	化学名称(组成)	别　名
氯霉素(包括其盐、酯及制剂) chloramphennicol	由季内瑞拉链霉素产生或合成法制成	
红霉素 erythromycin	属微生物合成,是 *Streptomyces eyythreus* 产生的抗生素	
杆菌肽锌 zinc bacitracin premin	由枯草杆菌 *Bacillus subtilis* 或 *B. leicheniformis* 所产生的抗生素,为一含有噻唑环的多肽化合物	枯草菌肽
泰乐菌素 tylosin	*S. fradiae* 所产生的抗生素	
环丙沙星 ciprofloxacin (CIPRO)	为合成的第三代喹诺酮类抗菌药,常用盐酸盐水合物	环丙氟哌酸
阿伏帕星 avoparcin	阿伏霉素	
喹乙醇 olaquindox	喹乙醇	喹酰胺醇羟乙喹氧
速达肥 fenbendazole	5-苯硫基-2-苯并咪唑	苯硫哒唑氨甲基甲酯
己烯雌酚(包括雌二醇等其他类似合成等雌性激素) diethylstilbestrol, stilbestrol	人工合成的非甾体雌激素	乙烯雌酚,人造求偶素

续表 2

药物名称	化学名称(组成)	别　名
甲基睾丸酮(包括丙酸睾丸素、去氢甲睾酮以及同化物等雄性激素)methyltestosterone,metandren	睾丸素 C_{17}的甲基衍生物	甲睾酮甲基睾酮

附录三 无公害食品
渔用配合饲料安全限量
(NY 5071—2002)

1. 范围

本标准规定了渔用配合饲料安全限量的要求、试验方法、检验规则。

本标准适用于渔用配合饲料的成品，其他形式的渔用饲料可参照执行。

2. 规范性引用文件

下列文件中的条款通过本标准的引用而成为本标准的条款。凡是注日期的引用文件，其随后所有的修改单(不包括勘误的内容)或修订版均不适用于本标准，然而，鼓励根据本标准达成协议的各方研究是否可使用这些文件的最新版本。凡是不注日期的引用文件，其最新版本适用于本标准。

GB/T 5009.45—1996 水产品卫生标准的分析方法

GB/T 8381—1987 饲料中黄曲霉素 B_1 的测定

GB/T 9675—1988 海产食品中多氯联苯的测定方法

GB/T 13080—1991 饲料中铅的测定方法

GB/T 13081—1991 饲料中汞的测定方法

GB/T 13082—1991 饲料中镉的测定方法

GB/T 13083—1991 饲料中氟的测定方法

GB/T 13084—1991 饲料中氰化物的测定方法

GB/T 13086—1991 饲料中游离棉酚的测定方法

GB/T 13087—1991 饲料中异硫氰酸酯的测定方法

GB/T 13088—1991 饲料中铬的测定方法

GB/T 13089—1991 饲料中噁唑烷硫酮的测定方法

GB/T 13090—1999 饲料中六六六、滴滴涕的测定方法

GB/T 13091—1991 饲料中沙门氏菌的检验方法

GB/T 13092—1991 饲料中霉菌的检验方法

GB/T 14699.1—1993 饲料采样方法

GB/T 17480—1998 饲料中黄曲霉毒素 B_1 的测定 酶联免疫吸附法

NY 5071 无公害食品　渔用药物使用准则

SC 3501—1996 鱼粉

SC/T 3502 鱼油

《饲料药物添加剂使用规范》[中华人民共和国农业部公告(2001)第[168]号]

《禁止在饲料和动物饮用水中使用的药物品种目录》[中华人民共和国农业部公告(2002)第[176]号]

《食品动物禁用的兽药及其他化合物清单》[中华人民共和国农业部公告(2002)第[193]号]

3．要求

3.1 原料要求

3.1.1 加工渔用饲料所用原料应符合各类原料标准的规定，不得使用受潮、发霉、生虫、腐败变质及受到石油、农药、有害金属等污染的原料。

3.1.2 皮革粉应经过脱铬、脱毒处理。

3.1.3 大豆原料应经过破坏蛋白酶抑制因子的处理。

3.1.4 鱼粉的质量应符合 SC 3501 的规定。

3.1.5 鱼油的质量应符合 SC/T 3502 中二级精制鱼油的要求。

3.1.6 使用的药物添加剂种类及用量应符合 NY 5071、

《饲料药物添加剂使用规范》、《禁止在饲料和动物饮用水中使用的药物品种目录》、《食品动物禁用的兽药及其他化合物清单》的规定；若有新的公告发布，按新规定执行。

3.2 安全指标

渔用配合饲料的安全指标限量应符合表1规定。

表1　渔用配合饲料的安全指标限量

项　目	限　量	适用范围
铅(以 Pb 计)/(mg/kg)	≤5.0	各类渔用配合饲料
汞(以 Hg 计)/(mg/kg)	≤0.5	各类渔用配合饲料
无机砷(以 As 计)/(mg/kg)	≤3	各类渔用配合饲料
镉(以 Cd 计)/(mg/kg)	≤3	海水鱼类、虾类配合饲料
	≤0.5	其他渔用配合饲料
铬(以 Cr 计)/(mg/kg)	≤10	各类渔用配合饲料
氟(以 F 计)/(mg/kg)	≤350	各类渔用配合饲料
游离棉酚/(mg/kg)	≤300	温水杂食性鱼类、虾类配合饲料
	≤150	冷水性鱼类、海水鱼类配合饲料
氰化物/(mg/kg)	≤50	各类渔用配合饲料
多氯联苯/(mg/kg)	≤0.3	各类渔用配合饲料
异硫氰酸酯/(mg/kg)	≤500	各类渔用配合饲料
噁唑烷硫酮/(mg/kg)	≤500	各类渔用配合饲料
油脂酸价(KOH)/(mg/g)	≤2	渔用育苗配合饲料
	≤6	渔用育成配合饲料
	≤3	鳗鲡育成配合饲料
黄曲霉毒素 B_1/(mg/kg)	≤0.01	各类渔用配合饲料

续表 1

项　目	限　量	适用范围
六六六/(mg/kg)	≤0.3	各类渔用配合饲料
滴滴涕/(mg/kg)	≤0.2	各类渔用配合饲料
沙门氏菌/(cfu/25g)	不得检出	各类渔用配合饲料
霉菌/(cfu/g)	$\leqslant 3\times10^{4}$	各类渔用配合饲料

4. 检验方法

4.1 铅的测定

按 GB/T 13080—1991 规定进行。

4.2 汞的测定

按 GB/T 13081—1991 规定进行。

4.3 无机砷的测定

按 GB/T 5009.45—1996 规定进行。

4.4 镉的测定

按 GB/T 13082—1991 规定进行。

4.5 铬的测定

按 GB/T 13088—1991 规定进行。

4.6 氟的测定

按 GB/T 13083—1991 规定进行。

4.7 游离棉酚的测定

按 GB/T 13086—1991 规定进行。

4.8 氰化物的测定

按 GB/T 13084—1991 规定进行。

4.9 多氯联苯的测定

按 GB/T 9675—1988 规定进行。

4.10 异硫氰酸酯的测定

按 GB/T 13087—1991 规定进行。

4.11 噁唑烷硫酮的测定

按 GB/T 13089—1991 规定进行。

4.12 油脂酸价的测定

按 SC 3501—1996 规定进行。

4.13 黄曲霉毒素 B_1 的测定

按 GB/T 8381—1987、GB/T 17480—1998 规定进行，其中 GB/T 8381—1987 为仲裁方法。

4.14 六六六、滴滴涕的测定

按 GB/T 13090—1991 规定进行。

4.15 沙门氏菌的检验

按 GB/T 13091—1991 规定进行。

4.16 霉菌的检验

按 GB/T 13092—1991 规定进行，注意计数时不应计入酵母菌。

5. 检验规则

5.1 组批

以生产企业中每天(班)生产的成品为一检验批，按批号抽样。在销售者或用户处按产品出厂包装的标示批号抽样。

5.2 抽样

渔用配合饲料产品的抽样按 GB/T 14699.1—1993 规定执行。

批量在 1 t 以下时，按其袋数的四分之一抽取。批量在 1 t 以上时，抽样袋数不少于 10 袋。沿堆积立面以“×”形或“W”形对各袋抽取。产品未堆垛时应在各部位随机抽取，样品抽取时一般应用钢管或铜制管制成的槽形取样器。由各袋取出的样品应充分混匀后按四分法分别留样。每批饲料的检验用样品不少于 500 g。另有同样数量的样品作留样备查。

作为抽样应有记录,内容包括:样品名称、型号、抽样时间、地点、产品批号、抽样数量、抽样人签字等。

5.3 判定

5.3.1 渔用配合饲料中所检的各项安全指标均应符合标准要求。

5.3.2 所检安全指标中有一项不符合标准规定时,允许加倍抽样将此项指标复检一次,按复检结果判定本批产品是否合格。经复检后所检指标仍不合格的产品则判为不合格品。

附录四　无公害食品
水产品中渔药残留限量
（NY 5070—2002）

1. 范围

本标准规定了无公害水产品中渔药及通过环境污染造成的药物残留的最高限量。

本标准适用于水产养殖品及初级加工水产品、冷冻水产品，其他水产加工品可以参照使用。

2. 规范性引用文件

下列文件中的条款通过本标准的引用而成为本标准的条款。凡是注日期的引用文件，其随后所有的修改单（不包括勘误的内容）或修订版均不适用于本标准，然而，鼓励根据本标准达成协议的各方研究是否可使用这些文件的最新版本。凡是不注日期的引用文件，其最新版本适用于本标准。

NY 5029—2001 无公害食品　猪肉

NY 5071 无公害食品　渔用药物使用准则

SC/T 3303—1997 冻烤鳗

SN/T 0197—1993 出口肉中喹乙醇残留量检验方法

SN 0206—1993 出口活鳗鱼中噁喹酸残留量检验方法

SN 0208—1993 出口肉中十种磺胺残留量检验方法

SN 0530—1996 出口肉品中呋喃唑酮残留量的检验方法　液相色谱法

3. 术语和定义

下列术语和定义适用于本标准。

3.1

渔用药物 fishery drugs

用以预防、控制和治疗水产动、植物的病、虫、害，促进养殖品种健康生长，增强机体抗病能力以及改善养殖水体质量的一切物质，简称“渔药”。

3.2

渔药残留 residues of fishery drugs

在水产品的任何食用部分中渔药的原型化合物或/和其代谢产物，并包括与药物本体有关杂质的残留。

3.3

最高残留限量 maximum residue Limit，MRL

允许存在于水产品表面或内部（主要指肉与皮或/和性腺）的该药（或标志残留物）的最高量/浓度（以鲜重计，表示为：g/kg 或 mg/kg）。

4. 要求

4.1 渔药使用

水产养殖中禁止使用国家、行业颁布的禁用药物，渔药使用时按 NY 5071 的要求进行。

4.2 水产品中渔药残留限量要求见表 1。

表 1　水产品中渔药残留限量

药物类别		药物名称		指标(MRL)/(μg/kg)
		中文	英文	
抗生素类	四环素类	金霉素	Chlortetracycline	100
		土霉素	Oxytetracycline	100
		四环素	Tetracycline	100
	氯霉素类	氯霉素	Chloramphenicol	不得检出
磺胺类及增效剂		磺胺嘧啶	Sulfadiazine	100 (以总量计)
		磺胺甲基嘧啶	Sulfamerazine	
		磺胺二甲基嘧啶	Sulfadimidine	
		磺胺甲噁唑	Sulfamethoxazole	
		甲氧苄啶	Trimethoprim	50
喹诺酮类		噁喹酸	Oxilinic acid	300
硝基呋喃类		呋喃唑酮	Furazolidone	不得检出
其他		己烯雌酚	Diethylstilbestrol	不得检出
		喹乙醇	Olaquindox	不得检出

5. 检测方法

5.1 金霉素、土霉素、四环霉

金霉素测定按 NY 5029—2001 中附录 B 规定执行，土霉素、四环素按 SC/T 3303—1997 中附录 A 规定执行。

5.2 氯霉素

氯霉素残留量的筛选测定方法按本标准中附录 A 执行，测定按 NY 5029—2001 中附录 D(气相色谱法)的规定执行。

5.3 磺胺类

磺胺类中的磺胺甲基嘧啶、磺胺二甲基嘧啶的测定按 SC/T 3303 的规定执行，其他磺胺类按 SN/T 0208 的规定执行。

5.4 噁喹酸

噁喹酸的测定按 SN/T 0206 的规定执行。

5.5 呋喃唑酮

呋喃唑酮的测定按 SN/T 0530 的规定执行。

5.6 己烯雌酚

己烯雌酚残留量的筛选测定方法按本标准中附录 B 规定执行。

5.7 喹乙醇

喹乙醇的测定按 SN/T 0197 的规定执行。

6. 检验规则

6.1 检验项目

按相应产品标准的规定项目进行。

6.2 抽样

6.2.1 组批规则

同一水产养殖场内,在品种、养殖时间、养殖方式基本相同的养殖水产品为一批(同一养殖池,或多个养殖池);水产加工品按批号抽样,在原料及生产条件基本相同下同一天或同一班组生产的产品为一批。

6.2.2 抽样方法

6.2.2.1 养殖水产品

随机从各养殖池抽取有代表性的样品,取样量见表 2。

表 2　取样量

生物数量/(尾、只)	取样量/(尾、只)
500 以内	2
500～1000	4
1001～5000	10
5001～10000	20
≥10001	30

6.2.2.2 水产加工品

每批抽取样本以箱为单位，100 箱以内取 3 箱，以后每增加 100 箱(包括不足 100 箱)则抽 1 箱。

按所取样本从每箱内各抽取样品不少于 3 件，每批取样量不少于 10 件。

6.3 取样的样品的处理

采集的样品应分成两等份，其中一份作为留样。从样本中取有代表性的样品，装入适当容器，并保证每份样品都能满足分析的要求；样品的处理按规定的方法进行，通过细切、绞肉机绞碎、缩分，使其混合均匀；鱼、虾、贝、藻等各类样品量不少于 200 g。各类样品的处理方法如下：

a)鱼类：先将鱼体表面杂质洗净，去掉鳞、内脏，取肉(包括脊背和腹部)和皮一起绞碎，特殊要求除外。

b)龟鳖类：去头、放出血液，取其肌肉包括裙边，绞碎后进行测定。

c)虾类：洗净后，去头、壳，取其肌肉进行测定。

d)贝类：鲜的、冷冻的牡蛎、蛤蜊等要把肉和体液调制均匀后进行分析测定。

e)蟹：取肉和性腺进行测定。

f)混匀的样品，如不及时分析，应置于清洁、密闭的玻璃容器，冰冻保存。

6.4 判定规则

按不同产品的要求所检的渔药残留各指标均应符合本标准的要求，各项指标中的极限值采用修约值比较法。超过限量标准规定时，允许加倍抽样将此项指标复检一次，按复检结果判定本批产品是否合格。经复检后所检指标仍不合格的产品则判为不合格品。

参考文献

1　舒新亚,龚珞军.淡水小龙虾健康养殖实用技术.北京:中国农业出版社,2006

2　曾双鸣.教你饲养克氏螯虾.武汉:湖北科学技术出版社,2003

3　张明波.淡水小龙虾养殖技术.呼和浩特:远方出版社,2006

4　王卫民.软壳克氏原螯虾在我国开发利用的前景.水生生物学报,1999,23 (4):375～381

5　陆剑锋,赖年悦,成永旭.淡水小龙虾资源的综合利用及其开发价值 .农产品加工,2006,79(10):47～52

6　慕峰,成永旭,吴旭干.世界淡水螯虾的分布与产业发展.上海水产大学学报,2007,16(1):61～72

7　江舒,庞璐,黄成.外来种克氏原螯虾的危害及其防治.生物学通报,2007,42(5):15～16

8　李林春,段鸿斌.克氏螯虾人工繁殖与育苗技术.安徽农业科学, 2005,33(8):1464,1510

9　张家宏,韩晓琴,王守红,白和盛,陈劲松,毕建花,唐鹤军.无公害克氏螯虾养殖技术规范.农业环境与发展,2004(4):9～10

10　李才根.淡水小龙虾稻田无公害养殖技术.河北渔业,2006,155(10):16～18

11　赵红霞.甲壳动物蜕皮调控研究及蜕壳素的使用.广东饲料,2006,15(1):32～35

金盾版图书，科学实用，通俗易懂，物美价廉，欢迎选购

书名	定价
农业机械故障排除500例	25.00
农作物种收机械使用与维修	12.00
农机具选型及使用与维修	18.00
农机维修技术100题	8.00
谷物联合收割机使用与维护技术	17.00
草业机械选型与使用	24.00
农产品加工机械使用与维修	8.00
农村财务管理	17.00
农村金融与农户小额信贷	11.00
新型农业企业成功之道	36.00
农民进城务工指导教材	8.00
乡村干部行政涉法300问	17.00
农村土地政策200问	13.00
农村土地流转与征收	14.00
农村社会保障100问	10.00
禽肉蛋实用加工技术	8.00
豆制品加工技艺	13.00
豆腐优质生产新技术	9.00
小杂粮食品加工技术	13.00
马铃薯食品加工技术	12.00
调味品加工与配方	8.00
炒货制品加工技术	10.00
家庭养花300问(第四版)	25.00
家庭养花指导(修订版)	25.00
家庭养花病虫害防治指南	22.00
三角梅栽培与鉴赏	10.00
家庭名花莳养	12.00
庭院花卉(修订版)	25.00
常用景观花卉	37.00
阳台花卉	12.00
流行花卉及其养护	25.00
流行草花图鉴	13.00
图说木本花卉栽培与养护	34.00
草本花卉生产技术	53.00
观花类花卉施肥技术	12.00
中国兰花栽培与鉴赏	24.00
中国梅花栽培与鉴赏	23.00
中国桂花栽培与鉴赏	18.00
兰花栽培入门	9.00
蟹爪兰栽培技术	8.50
君子兰栽培技术	12.00
君子兰莳养知识问答	9.00
山茶花盆栽与繁育技术(第2版)	12.00
月季(修订版)	15.00
菊花	6.00
家居保健观赏植物的培植与养护	17.00
室内保健植物	18.00
插花艺术问答(第2版)	18.00
插花创作与赏析	22.00
图说树石盆景制作与欣赏	17.00
小型盆景制作与赏析	20.00
果树盆栽与盆景制作技术问答	11.00
盆景制作与养护(修订版)	32.00
果树盆栽实用技术	17.00
爱鸟观鸟与养鸟	14.50
家庭笼养鸟	6.00

书名	定价
笼养鸟疾病防治(第2版)	8.00
观赏鱼养殖500问	29.00
金鱼(修订版)	10.00
金鱼养殖技术问答(第2版)	9.00
热带鱼养殖与观赏	10.00
龙鱼养殖与鉴赏	9.00
锦鲤养殖与鉴赏	12.00
七彩神仙鱼养殖与鉴赏	9.50
观赏龟养殖与鉴赏	9.00
狗病临床手册	29.00
犬病鉴别诊断与防治	15.00
藏獒饲养管理与疾病防治	20.00
藏獒的选择与养殖	13.00
犬病中西医结合治疗	19.00
宠物医师临床药物手册	40.00
宠物医师临床检验手册	34.00
宠物临床急救技术	27.00
宠物中毒急救技术	12.00
宠物常见病病例分析	16.00
宠物疾病诊断与防治原色图谱	15.00
宠物犬美容与调教	15.00
宠物狗驯养200问	15.00
新编训犬指南	12.00
猫咪驯养190问	13.00
茶艺师培训教材	37.00
茶艺技师培训教材	26.00
评茶员培训教材	47.00
养蜂技术(第4版)	11.00
养蜂技术指导	10.00
养蜂生产实用技术问答	8.00
实用养蜂技术(第2版)	8.00
图说高效养蜂关键技术	15.00
怎样提高养蜂效益	9.00
蜂王培育技术(修订版)	8.00
蜂王浆优质高产技术	5.50
蜂蜜蜂王浆加工技术	9.00
蜜蜂育种技术	12.00
蜜蜂病虫害防治	7.00
蜜蜂病害与敌害防治	12.00
中蜂科学饲养技术	8.00
林蛙养殖技术	3.50
水蛭养殖技术	8.00
牛蛙养殖技术(修订版)	7.00
蜈蚣养殖技术	8.00
蟾蜍养殖与利用	6.00
蛤蚧养殖与加工利用	6.00
药用地鳖虫养殖(修订版)	6.00
蚯蚓养殖技术	6.00
东亚飞蝗养殖与利用	11.00
蝇蛆养殖与利用技术	6.50
黄粉虫养殖与利用(修订版)	6.50

以上图书由全国各地新华书店经销。凡向本社邮购图书或音像制品,可通过邮局汇款,在汇单“附言”栏填写所购书目,邮购图书均可享受9折优惠。购书30元(按打折后实款计算)以上的免收邮挂费,购书不足30元的按邮局资费标准收取3元挂号费,邮寄费由我社承担。邮购地址:北京市丰台区晓月中路29号,邮政编码:100072,联系人:金友,电话:(010)83210681、83210682、83219215、83219217(传真)。